CAD/CAM 软件应用技术

主　编　单艳芬

副主编　黄　轶　汪　健　曹　敏

　　　　李张强　徐嘉诚

参　编　潘德昌

北京理工大学出版社

BEIJING INSTITUTE OF TECHNOLOGY PRESS

内 容 简 介

本书选择 NX 12.0 软件，采用任务驱动、项目式教学的方式进行编写，将教学内容设计为七个项目。项目一"凸轮设计"，项目二"悬空架设计"，项目三"灯笼设计"，项目四"紫砂壶设计"，项目五"虎钳设计"，项目六"游戏手柄上壳的模具设计"，项目七"卸料板零件加工"。

本书操作任务典型，实例丰富，不仅结合了较常见的生产零件的设计，还结合了中国传统文化的瑰宝——"紫砂壶""灯笼"等工艺品的设计，其应用性强，具有很强的指导性和可操作性，鼓励学生弘扬中华优秀传统文化，坚持不忘本来、吸收外来、面向未来。通过本书的学习，学生将能够处理中等复杂程度零件的三维建模、工程图绘制、模拟装配、模具设计、仿真加工等实际生产问题。

本书可作为高等院校、高职院校、中职院校、机电、数控、机制类等专业的教学用书，适合 3～6 学期使用，同时本书也可供从事机械设计及相关行业的人员学习和参考。

图书在版编目（CIP）数据

CAD/CAM 软件应用技术 / 单艳芬主编. -- 北京 ： 北京理工大学出版社，2024.1
ISBN 978-7-5763-3711-2
Ⅰ．①C… Ⅱ．①单… Ⅲ．①计算机辅助设计–应用软件 Ⅳ．①TP391.7
中国国家版本馆 CIP 数据核字(2024)第 058141 号

责任编辑： 多海鹏　　　**文案编辑：** 辛丽莉
责任校对： 周瑞红　　　**责任印制：** 李志强

出版发行 / 北京理工大学出版社有限责任公司
社　　址 / 北京市丰台区四合庄路 6 号
邮　　编 / 100070
电　　话 /（010）68914026（教材售后服务热线）
　　　　　　（010）68944437（课件资源服务热线）
网　　址 / http://www.bitpress.com.cn

版印次 / 2024 年 1 月第 1 版第 1 次印刷
印　　刷 / 北京广达印刷有限公司
开　　本 / 787 mm×1092 mm　1/16
印　　张 / 20.75
字　　数 / 484 千字
定　　价 / 96.00 元

出 版 说 明

五年制高等职业教育（简称五年制高职）是指以初中毕业生为招生对象，融中高职于一体，实施五年贯通培养的专科层次职业教育，是现代职业教育体系的重要组成部分。

江苏是最早探索五年制高职教育的省份之一，江苏联合职业技术学院作为江苏五年制高职教育的办学主体，经过 20 年的探索与实践，在培养大批高素质技术技能人才的同时，在五年制高职教学标准体系建设及教材开发等方面积累了丰富的经验。"十三五"期间，江苏联合职业技术学院组织开发了 600 多种五年制高职专用教材，覆盖了 16 个专业大类，其中 178 种被认定为"十三五"国家规划教材。学院教材工作得到了国家教材委员会办公室的认可并以"江苏联合职业技术学院探索创新五年制高等职业教育教材建设"为题编发了《教材建设信息通报》（2021 年第 13 期）。"十四五"期间，江苏联合职业技术学院将依据"十四五"教材建设规划进一步提升教材建设与管理的专业化、规范化和科学化水平。一方面将与全国五年制高职发展联盟成员单位共建共享教学资源，另一方面将与高等教育出版社、凤凰职业教育图书有限公司等多家单位联合共建五年制高职教育教材研发基地，共同开发五年制高职专用教材。

本套"五年制高职专用教材"以习近平新时代中国特色社会主义思想为指导，落实立德树人的根本任务，坚持正确的政治方向和价值导向，弘扬社会主义核心价值观。教材依据教育部《职业院校教材管理办法》和江苏省教育厅《江苏省职业院校教材管理实施细则》等要求，注重系统性、科学性和先进性，突出实践性和适用性，体现职业教育类型特色。教材遵循长学制贯通培养的教育教学规律，坚持一体化设计，契合学生知识获得、技能习得的累积效应，结构严谨、内容科学，适合五年制高职学生使用。教材遵循五年制高职学生生理成长、心理成长、思想成长跨度大的特征，体例编排得当，针对性强，是为五年制高职教育量身打造的"五年制高职专用教材"。

江苏联合职业技术学院

教材建设与管理工作领导小组

前　　言

为深入学习贯彻党的二十大精神，在广大师生群体中厚植爱党、爱国、爱社会主义的情感，本书在内容设计中融入多种中国传统文化元素，让学生能够在设计的同时，感受中国精神的文化感染力和鼓舞奋进的精神感召力。

本书是江苏联合职业技术学院指定教材，经江苏联合职业技术学院教材审定委员会审定。本书是理实一体化项目训练教程系列教材之一。

本书选择在企业中广泛应用的 NX 12.0 软件。NX 12.0 是先进的 CAD/CAE/CAM 集成技术的大型软件之一，被广大机械制造类企业选定为企业计算机辅助设计、分析和制造的常用软件。该软件具有良好的综合性能，使用该软件进行设计，可以直观、准确地反映零件、组件的形状及装配关系，也可以使产品开发完全实现设计、工艺、制造的无纸化生产，还可以使产品设计、工装设计、工装制造等工作并行开展，大幅缩短了生产周期，非常有利于新品试制及多品种产品的设计、开发和制造。为适应企业人才和学生就业需求，高职学生在第 3 学期或第 4 学期学习本软件，是非常必要的。

本书采用以工作过程为导向的项目化设计方式，将教学内容设计为七个项目。项目一"凸轮设计"，分解为 2 个任务，使学生初步了解 NX 12.0 软件的操作界面、功能特点、基本操作设置并应用本软件进行草图绘制、简单的拉伸设计，有初步的软件应用体验；项目二"悬空架设计"，分解为 3 个任务，以工业生产中常见的支架类零件为依托，使学生能够掌握基准特征的辅助建模方式；项目三"灯笼设计"，分解为 2 个任务，以灯笼产品设计为依托，使学生掌握旋转、扫掠的建模方式，以及阵列特征等的编辑方式，另外还可以深入了解灯笼所蕴含的中华民族特有的丰富文化底蕴；项目四"紫砂壶设计"，分解为 2 个任务，使学生既能够学习曲面造型的基本流程，也能够深入了解中国茶文化，更鼓励学生在设计时能够加入创新理念，创作出富有民族、文化特色和艺术生命的珍品；项目五"虎钳设计"，分解为 3 个任务，使学生学会使用 NX 12.0 软件进行虎钳的实体设计，并能进行装配操作，掌握将实体零件生成二维图纸的操作；项目六"游戏手柄上壳的模具设计"，分解为 3 个任务，使学生初步了解模具设计的一般流程；项目七"卸料板零件加工"，分解为 2 个任务，使学生根据图纸要求，能合理地运用 NX 12.0 软件进行自动编程，并保证能运用于实际加工。

通过本书的学习，学生将能处理生产实践中具体的问题，能迅速运用所学知识，处理实际的造型设计任务，完成建模、工程图绘制、虚拟装配、模具设计、自动编程的全过程，并能利用加工中心完成相应的零件加工。

本书由校企合作的 7 名老师组成的团队编写完成。江苏联合职业技术学院常州市刘国钧分院单艳芬担任主编；江苏联合职业技术学院常熟分院黄轶、江苏联合职业技术学院常州武进分院汪健、江苏联合职业技术学院常州铁道分院曹敏和江苏联合职业技术学院常熟分院李张强、江苏联合职业技术学院常熟分院徐嘉诚担任副主编；国家技能大师工作室领衔人、中车戚墅堰机车有限公司产业教授潘德昌参与编写。具体编写分工：单艳芬编写了项目四和项目六；汪健编写了项目七；黄轶编写了项目一；曹敏编写了项目五；李张强编写了项目二；徐嘉诚编写了项目三。企业专家潘德昌对全书项目进行了审核与修整。

本书配套视频的录制以及相关资源的制作，得到了各位老师以及企业专家的鼎力协助。在编写过程中，编者还参阅了大量的同类教材，在此对教材各编者表示衷心的感谢！

由于编者水平有限，时间仓促，书中难免有不足之处，恳请广大读者提出宝贵意见，以便我们进行修订。

编　者

目　　录

项目一
凸轮设计

凸轮

中国人于公元 983 年发明了凸轮，并应用于借水力提升的重型链。计算机和数控加工技术的应用，为凸轮机构设计和凸轮制造带来了革命性的变化，各种凸轮机构的应用范围也日益广泛，成为一类重要的传动机构。与此同时，我国对凸轮机构的研究也进入了鼎盛时期，科技工作者对凸轮机构从几何学、运动学、动力学、设计理论和方法、CAD/CAM、应用范围以及凸轮和配套零件的加工设备与工艺等方面作了深入系统的研究，取得了辉煌的成就。

本项目凸轮的绘制将使学生掌握软件的一般应用技巧，学会简单的草图绘制以及常规的建模方法。通过基本图形到较复杂图形的练习，培养学生空间概念，逐步提高学生三维造型的适应能力；培养学生的合作精神、观察能力和学以致用的能力，让学生领略中国制造业的发展态势，激发学生的爱国热情。

项 目 工 作 场 景

本项目为某企业传动系统使用的凸轮。项目实施涉及产品的曲线绘制及三维建模，需要设计部门组织人员完成此项任务。

方 案 设 计

设计人员首先熟悉软件的基本环境，再依据产品尺寸，进行曲线绘制及实体拉伸建模两道工序。

相 关 知 识 和 技 能

- 了解 CAD/CAM 软件的主要功能。
- 掌握 NX 12.0 软件的曲线绘制与曲线编辑的基本操作方法。
- 掌握实体建模中拉伸的基本操作方法。
- 增强学生规范操作的意识并培养其团结协作、观察和学以致用的能力。

任务 1 CAD/CAM 软件认识

任务目标

（1）了解 CAD/CAM 软件的种类、功能与优缺点以及 CAD/CAM 软件的应用领域。
（2）了解 CAD/CAM 软件的主要功能。
（3）掌握软件界面的正确运行方法。

任务分析

本任务主要介绍 CAD/CAM 技术的概念、发展状况、应用领域和常见 CAD/CAM 软件的种类及特点以及 NX 12.0 软件的界面，通过资料学习、思考问题及网络自学等方式引导学生构建关于 CAD/CAM 技术的基础知识体系，同时学会根据实际需要选择合适的 CAD/CAM 软件系统，为今后各项目的实施开展打下基础。

知识准备

一、CAD/CAM 技术的概念与技术领域

CAD/CAM 全称为 computer aided design/computer aided manufacture，即计算机辅助设计/计算机辅助制造，是以信息技术为主要手段来进行产品设计与制造的，也是世界上发展最快的技术之一。这种技术以现代化制造业与信息化结合的典型技术手段，促进了生产力的发展，加快了生产模式的转变，影响了市场的发展，其应用领域广泛。

一般观点认为，CAD 是利用计算机及其图形设备帮助设计人员进行设计，CAM 是利用计算机辅助完成从生产准备到产品制造整个过程的活动。CAD 技术起到提高企业设计效率、优化设计方案、减轻技术人员的劳动强度、缩短设计周期、加强设计标准化等作用。CAM 则直接或间接地把计算机与制造过程和生产设备相联系，具有处理产品制造过程中所需的数据、控制和处理物料的流动、对产品进行测试和检验等作用。

CAD/CAM 集成技术的关键是 CAD、CAPP、CAM、CAE 各系统之间的信息自动交换与共享。集成化的 CAD/CAM 系统借助于工程数据库技术、网络通信技术以及标准格式的产品数据接口技术，把分散于机型各异的各个 CAD、CAPP、CAM、CAE 子系统高效、快捷地集成起来，实现软、硬件资源共享，保证整个系统内信息的流动畅通无阻。

二、CAD/CAM 技术的发展趋势

21 世纪制造行业的基本特征是高度集成化、智能化、柔性化和网络化，追求的目标是提高产品质量及生产效率，缩短设计周期及制造周期，降低生产成本，最大限度地提高制造业的应变能力，满足用户需求。具体表现出以下几个发展趋势。

（1）标准化。CAD/CAM 系统可建立标准零件数据库和非标准零件数据库。标准零件数据库中的零件在 CAD 设计中可以随时调用，并采用成组技术（group technology，GT）生产。非标准零件数据库中存放的零件，虽然与设计所需结构不尽相同，但利用系统自身的建模技术可以方便地进行修改，从而加快设计过程。

（2）集成化技术。现代设计制造系统不仅应强调信息的集成，更应该强调技术、人和管理的集成。在开发系统时强调"多集成"的概念，即信息集成、智能集成、串并行工作机制集成及人员集成，这更适合未来系统的需求。

（3）智能化技术。应用人工智能技术实现产品生命周期（包括产品设计、制造、使用）各个环节的智能化，实现生产过程（包括组织、管理、计划、调度、控制等）各个环节的智能化。

（4）网络技术的应用。网络技术的应用包括硬件与软件的集成实现、各种通信协议及制造自动化协议、信息通信接口、系统操作控制策略等，是实现各种制造系统自动化的基础。

（5）多学科多功能综合产品设计技术。未来产品的开发设计不仅用到机械科学的理论与知识，而且还用到电磁学、光学、控制理论等知识。产品的开发要进行多目标、全性能的优化设计，以追求产品动静态特性、效率、精度、使用寿命、可靠性、制造成本与制造周期的最佳组合。

（6）快速成型技术。快速成型制造技术（rapid prototyping & manufacturing，RPM）基于分层制造原理，迅速制造出产品原型，而与零件的几何复杂程度丝毫无关，尤其在具有复杂曲面形状的产品制造中更能显示其优越性。它不仅能够迅速制造出原型供设计评估、装配校验、功能试验，而且还可以通过形状复制快速、经济地制造出产品（如制造电极用于 EDM 加工、作为模芯消失铸造出模具等），从而避免了传统模具制造的费时、高成本，因而 RPM 技术在现代制造技术中日益发挥着重要的作用。

三、常见 CAD/CAM 软件及特点

根据 CAD/CAM 系统的功能及复杂程度，可以做一个大致的划分，目前业界公认的高端 CAD/CAM 软件包括 NX、Creo、CATIA 等，中端 CAD/CAM 软件则有 SOLIDWORKS、SolidEdge、Inventor、Mastercam 等。

（一）NX

NX 原是美国 UGS（Unigraphics Solutions）公司的旗舰产品，后被西门子公司并购。图 1-1-1 所示为 NX 12.0 安装界面。NX 首次突破传统 CAD/CAM 模式，为用户提供一个全面的产品建模系统。该软件采用将参数化和变量化技术与实体、线框和表面功能融为一体的复合建模技术，其主要优势是三维曲面、实体建模和数控编程功能，具有较强的数据库管理和有限元分析前后处理功能以及界面良好的用户开发工具。NX 汇集了美国航空航天业及汽车业的专业经验，现已成为世界一流的集成化机械 CAD/CAM/CAE 软件，并被众多公司选作计算机辅助设计、制造和分析的标准。

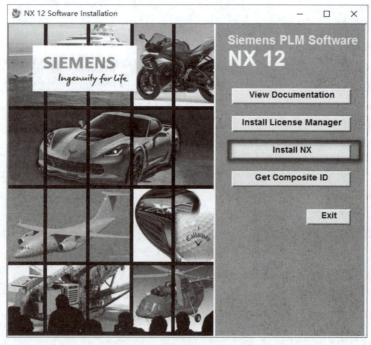

图 1-1-1　NX 12.0 安装界面

（二）Creo

Creo（旧版简称 Pro/E）是美国 PTC（Parametric Technology Corporation）公司的著名产品。图 1－1－2 所示为 Greo 安装界面。PTC 公司提出的单一数据库、参数化、基于特征、全相关的概念，改变了机械设计自动化的传统观念，这种全新的观念已成为当今机械设计自动化领域的新标准。基于该观念开发的 Creo 软件能将设计至生产全过程集成到一起，让所有的用户能够同时进行同一产品的设计制造工作，实现并行工程。Creo 包括 70 多个专用功能模块，如特征建模、有限元分析、装配建模、曲面建模、产品数据管理等，具有较完整的数据交换功能。

图 1－1－2　Creo 安装界面

（三）CATIA

CATIA 是法国达索公司的产品开发旗舰解决方案。图 1－1－3 所示为 CATIA 安装界面。作为 PLM 协同解决方案的一个重要组成部分，它可以帮助制造厂商设计他们未来的产品，并支持从项目前阶段具体的设计、分析、模拟、组装到维护在内的全部工业设计流程，几乎迎合了所有工业领域的大、中、小型企业需要。主要产品包括大型的波音 747 飞机、火箭发动机以及化妆品的包装盒等，几乎涵盖了所有的领域。世界上有超过 13 000 的用户选择了 CATIA。虽然 CATIA 源于航空航天业，但其强大的功能已得到各行业的认可，尤其在世界汽车业，更是成为公认的标准。CATIA 的著名用户包括波音、克莱斯勒、宝马、奔驰等一大批知名企业，在 CAD/CAM/CAE 行业内处于领先地位。

（四）中望 3D

中望 3D 由广州中望龙腾软件股份有限公司开发。图 1－1－4 所示为中望 3D 安装界面。它是中国唯一具有完全自主知识产权，集"曲面造型、实体建模、模具设计、装配、钣金、工程图、2～5 轴加工" 等功能模块于一体，覆盖产品设计开发全流程的 CAD/CAM 软件，已广泛应用于机械工业、航空航天工业、汽车工业、院校教学等。

图 1-1-3　CATIA 安装界面

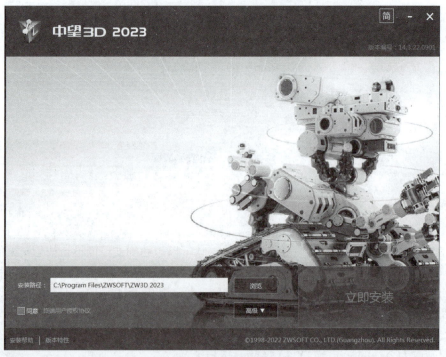

图 1-1-4　中望 3D 安装界面

【小提醒】
　　常用的 CAD/CAM 软件种类很多，每套软件都有其强项，可以多接触几套相关的软件，相互结合发挥各个软件的长处。

四、NX 12.0 的主要功能

NX 12.0 软件是由多个模块组成的，主要包括 CAD、CAM、CAE、注塑模、钣金件、WEB、管路应用、质量工程应用、逆向工程等应用模块，其中每个功能模块都以 Gateway 环境为基础，它们之间既有联系又相互独立。

（一）Gateway

Gateway 为所有 NX 产品提供了一个一致的、基于 MOTIF 的进入捷径，是用户打开 NX 进入的第一个应用模块。Gateway 是执行其他交互应用模块的先决条件，该模块为 NX 12.0 的其他模块运行提供了统一的数据库支持和一个图形交互环境。它支持打开已保存的部件文件、建立新的部件文件、绘制工程图以及输入输出不同格式的文件等操作，也提供了图层控制、视图定义和屏幕布局、表达式和特征查询、对象信息和分析、显示控制和隐藏/再现对象等操作。

（二）CAD 模块

（1）实体建模。实体建模集成了基于约束的特征建模和显性几何建模两种方法，提供符合建模的方案，使用户能够方便地建立二维和三维线框模型、扫描和旋转实体、进行布尔运算及其解析表达式。实体建模是特征建模和自由形状建模的必要基础。

（2）特征建模。UG NX 特征建模模块提供了对建立和编辑标准设计特征的支持，常用的特征建模方法包括圆柱、圆锥、球、圆台、凸垫及孔、键槽、腔体、倒圆角、倒角等。为了基于尺寸和位置的驱动编辑、参数化定义特征，使特征可以相对于任何其他特征或对象定位，也可以被引用复制，以建立特征的相关集。

（3）自由形状建模。UG NX 自由形状建模拥有设计高级的自由形状外形，支持复杂曲面和实体模型的创建。它是实体建模和曲面建模技术功能的合并，包括沿曲线的扫描，用一般二次曲线创建二次曲面体，在两个或更多的实体间用桥接的方法建立光滑曲面；还可以采用逆向工程，通过曲线/点网格定义曲面，通过点拟合建立模型；还可以通过修改曲线参数，或通过引入数学方程控制、编辑模型。

（4）工程制图。UG NX 工程制图模块是以实体模型自动生成平面工程图，也可以利用曲线功能绘制平面工程图。在模型改变时，工程图将被自动更新，制图模块提供自动的视图布局（包括基本视图、剖视图、向视图和细节视图等），可以自动、手动进行尺寸标注，自动绘制剖面线、进行形位公差和表面粗糙度的标注等。利用装配模块创建的装配信息可以方便地建立装配工程图，包括快速地建立装配剖视图、爆炸工程图等。

（5）装配建模。UG NX 装配建模是用于产品的模拟装配，支持"由底向上"和"由顶向下"的装配方法。装配建模的主模型可以在总装配的上下文中设计和编辑，组件以逻辑对齐、贴合和偏移等方式被灵活地配对或定位，改进了性能，也减少了存储的需求。参数化的装配建模提供以描述组件间配对关系和规定为目的共同创建的紧固件组和共享，使产品开发并行工作。

（三）Moldwizard 模块

Moldwizard 是 UGS 公司提供的运行在 Unigraphics NX 软件基础上的一个智能化、参数化的注塑模具设计模块。Moldwizard 为产品的分型，型腔、型芯、滑块、嵌件、推杆、镶块、复杂型芯或型腔轮廓创建，电火花加工的电极及模具的模架，浇注系统和冷却系统等提供了方便的设计途径，最终可以生成与产品参数相关的、可用于数控加工的三维模具模型。

（四）CAM 模块

UG/CAM 模块是 NX 软件的计算机辅助制造模块，该模块提供了对 NC 加工的 CLSFS 建立与编辑，提供了包括铣、多轴铣、车、线切割、钣金等加工方法的交互操作，还具有图形后置处理和机床数据文件生成器的支持。同时又提供了制造资源管理系统、切削仿真、图形刀轨编辑器、机床仿真等加工或辅助加工功能。

（五）产品分析模块

NX 的产品分析模块集成了有限元分析的功能，可用于对产品模型进行受力、受热后的变形分析，可以建立有限元模型、对模型进行分析和对分析后的结果进行处理，提供线性静力、线性屈服分析、模拟分析和稳态分析。运动分析模块用于对简化的产品模型进行运动分析，可以进行机构连接设计和机构综合，进行产品的仿真，利用交互式运动模式同时控制 5 个运动副，对注塑模中熔化的塑料进行流动分析，以多种格式表达分析结果。注塑模流动分析模块用于对注塑模中熔化的塑料进行流动分析，具有前处理、解算和后处理的能力，提供强大的在线求解器和完整的材料数据库。

五、NX 12.0 的基本界面

NX 12.0 的基本界面主要由标题栏、快速访问工具条、工具栏、菜单栏、上边框条、状态行与提示行、绘图窗口、坐标系和资源导航器等部分组成，如图 1-1-5 所示。

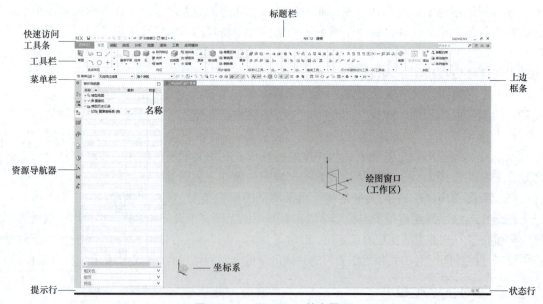

图 1-1-5　NX 12.0 基本界面

标题栏：位于 NX 12.0 用户界面的最上方，用来显示软件名称及版本号，以及当前的模块和文件名等信息，如果对部件已经做了修改，但还没有进行保存，其后面还会显示"修改的"提示信息。

快速访问工具条：含有文件系统的一些基本操作命令，通过它们用户可以方便、快速地进行绘图工作。

工具栏：NX 12.0 有很多工具栏的选择，当启动默认设置时，系统只显示其中的几个。工具栏是一行图符，每个图符代表一个功能。工具栏与下拉菜单中的菜单项相对应，执行相同的功能，可以使用户避免在菜单栏中查找命令的繁琐，方便操作。NX 各功能模块提供了许多使用方便的工具栏，用户还可以根据自己的需要及显示屏的大小对工具栏图标进行设置。图 1-1-6 所示为工具栏。

图 1-1-6　工具栏

菜单栏：位于标题栏的下方，包括该软件的主要功能。每一项对应一个 NX 12.0 的功能类别，如图 1-1-7 所示，它们分别是文件、编辑、视图、插入、格式、工具、装配等。每个菜单标题提供一个下拉式选项菜单，菜单中会显示所有与该功能有关的命令选项。图 1-1-8 所示为工具子菜单。

图 1-1-7　菜单栏中的所有选项　　　图 1-1-8　工具子菜单

上边框条：又称选择条，其中含有一些命令功能，为用户的工作提供方便，如图 1-1-9 所示。

图 1-1-9　上边框条

状态行与提示行：主要用于提示用户如何操作，是用户与计算机信息交互的主要窗口之一。在执行每个命令时，系统都会在状态行与提示行中显示用户必须执行的动作，或者提示用户的下一个动作。状态行与提示行也会显示有关当前选项的消息或最近完成的功能信息，这些信息不需要回应。

绘图窗口：NX 创建、显示和编辑图形的区域，也是进行结果分析和模拟仿真的窗口，相当于工程人员平时使用的绘图板。当光标进入绘图窗口后，指针就会显示为选择球。

坐标系：在绘图窗口左下角有一个坐标系图标，该坐标系称为工作坐标系（working coordinate system，WCS），它反映了当前所使用的坐标系形式与坐标方向。

资源导航器：资源导航器用于浏览编辑创建的草图、基准平面、特征和历史记录等。在默认情况下，资源导航器位于窗口的左侧。通过选择资源导航器上的图标可以调用装配导航器、部件导航器、操作导航器、Internet、帮助和历史记录等。

任务实施

视频 1 CAD/CAM
软件的主要功能与
基本操作

下面进入软件，具体了解 CAD/CAM 软件的主要功能与基本操作。操作步骤如下。

Step1 启动 NX 软件。NX 12.0 安装完毕后，在计算机桌面会自动建立一个快捷方式，双击快捷方式图标，即可启动软件。或者单击桌面左下方的【开始】按钮，在弹出的菜单中找到 Siemens NX 12.0，单击 NX 12.0，即可启动软件，如图 1-1-10 所示。

图 1-1-10 【开始】菜单栏启动软件

双击任何具有 ".prt" 扩展名的 NX 文件，会自动启动 NX 并加载文件。NX 12.0 初始界面如图 1-1-11 所示。

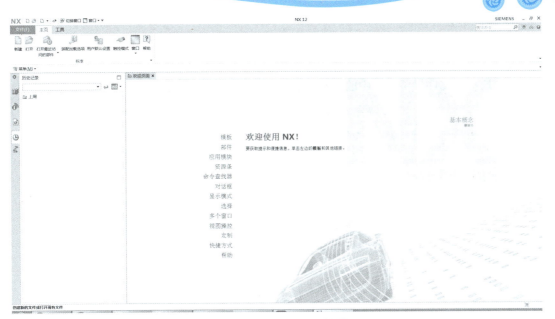

图 1-1-11 NX 12.0 初始界面

Step2 新建实体建模文件。单击【新建】按钮，打开【新建】对话框，如图 1-1-12 所示。

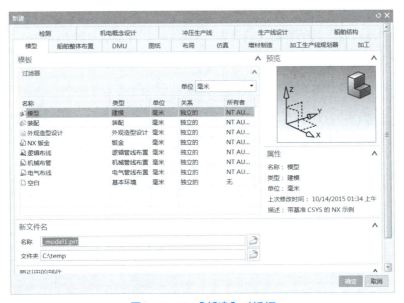

图 1-1-12 【新建】对话框

【小提醒】

也可以按快捷键 Ctrl+N，同样会出现如图 1-1-12 所示对话框，然后可在该对话框中选择相应的模块。NX 12.0 支持中文路径和中文名称，因此可在对话框中直接输入中文名称及中文保存路径，然后单击【确定】按钮即可完成新建。

Step3 熟悉基本界面。

Step4 执行打开文件命令。打开文件可直接进入与文件相对应的操作环境。执行打开文件命令有以下 3 种方法。

（1）选择【文件】菜单栏中的【打开】命令，如图 1-1-13 所示。

图 1-1-13 【文件】|【打开】命令

（2）单击快速访问工具条上的【打开】按钮，如图 1-1-14 所示。

图 1-1-14 快速访问工具条上的【打开】按钮

（3）按快捷键 Ctrl+O。

通过以上 3 种方法中的任意一种都可以打开如图 1-1-15 所示的【打开】对话框。

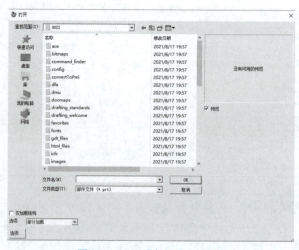

图 1-1-15 【打开】对话框

【小提醒】

可以选择【文件】|【最近打开的部件】命令，有选择性地打开最近打开过的文件，如图1-1-16所示。

图1-1-16　最近打开的部件

Step5 执行保存文件命令。选择【文件】|【保存】命令，在【保存】子菜单中提供了【保存】【仅保存工作部件】【另存为】【全部保存】【保存书签】【保存选项】6个命令，如图1-1-17所示。

图1-1-17　【保存】子菜单

部分命令选项说明如下。

【保存】：直接保存。

【仅保存工作部件】：如果打开的文件是装配体中的部件，使用该选项进行保存时不会影响原装配体。

【另存为】：将当前工作部件以其他名称保存。

【全部保存】：保存所有已修改的部件和所有顶层装配部件。

任务总结

至此，凸轮建模前所需使用的软件已经认识完毕。此任务属于对软件的分类、发展和基本操作认识和熟悉的过程，但学生需要从二维平面向空间建模进行概念的转化，需要大家在后续更多的任务实施中进行锻炼。

知识拓展

键盘作为输入设备，快捷键操作是键盘的主要功能之一。在设计中使用快捷键，使设计者能快速提高效率，尤其是在鼠标反复地进入下一级菜单的情况下，快捷键的作用更为明显。表 1–1–1 列出了 NX 软件中键盘的常用快捷键。

表 1–1–1　键盘常用快捷键

快捷键	功能	快捷键	功能
Ctrl+N	新建文件	Ctrl+J	对象显示
Ctrl+O	打开文件	Ctrl+T	移动对象
Ctrl+S	保存	Ctrl+D	删除
Ctrl+R	旋转视图	Ctrl+B	隐藏
Ctrl+F	适合窗口	Ctrl+Shift+B	反转显示和隐藏
Ctrl+Z	撤销	Ctrl+Shift+U	全部显示
Ctrl+L	图层设置	Ctrl+L	编辑截面

任务 2　凸轮实体建模

任务目标

（1）了解一般三维软件的建模过程。
（2）理解草图绘制中各种曲线命令的操作方法，以及几何约束的添加方法。
（3）掌握曲线编辑的五种功能，以及几何变换的七种功能。
（4）熟悉拉伸建模的基本操作步骤，能够正确完成凸轮实体的设计。

任务分析

凸轮结构简单，图形结构容易理解，非常适合初学者学习 UG NX 的草图绘制以及实体绘制的命令。本任务将绘制如图 1-2-1 所示的凸轮零件图，该凸轮厚度为 5 mm。通过本任务中简单零件的曲线绘制，可使学生了解各种曲线命令的操作方法，以及如何进行必要的曲线编辑。

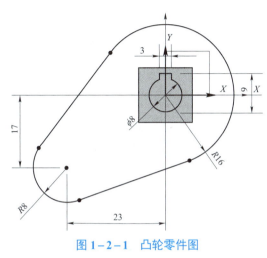

图 1-2-1　凸轮零件图

知识准备

NX 的实体设计是指根据零件设计图，在完成草图轮廓设计的基础上，运用实体设计工作台各种工具来完成三维零件建模的一个过程。实体设计是以草图为基础的，因此在实体设计中通常都是实体设计、草图设计两个工作台交互使用。

实体设计的一般设计流程如下。

创建基准面进入草图操作环境→绘制零件主体草绘轮廓→完成零件主体基于草图特征的构建→添加修饰特征（拔模、倒角等）→检查实体并进行修改。

NX 建立三维模型文件主要是通过"特征"来实现的。所谓"特征"就是元件某一方面特性的操作。NX 成型特征有多种建构方式，如基于草图的特征、基于实体的特征、基于曲面的特征。零件模型是由若干个特征构成的，按其不同的形式，实体特征创建的方法有拉伸、回转、扫掠、打孔、割槽、长方体、球体等，使用这些方法可以生成许多复杂的实体特征。

（1）基于草图的特征。这些特征都是在完成草图的基础上，通过基本成型特征对草图加以操作（如拉伸、旋转等）以形成零件的主体部分。

（2）基于实体的特征。这些特征都是在已有实体主体部分的基础上，通过基本成型特征对实体主体加以操作（如打孔、割槽、键槽、腔体、圆台、凸垫、浮雕、螺纹等）以形成零件的细节设计部分。

（3）基于曲面的特征。这些特征都是在已有的实体表面或曲面基础上，通过基本成型特征对其加以操作（如加强筋、面加厚、抽取几何体等）以创建新的几何形状。

（4）体素特征。体素特征是基于解析形状的一个实体，它可以用作实体建模初期的基本形状。当建立一个体素时，必须规定它的类型与尺寸以及在模型空间的位置与方位。主要有长方体、圆柱体、圆锥体、球体。

（5）特征操作。在零件的设计过程中，为了完成零件细节设计，会对实体零件的部分特征进行变换（如镜像、阵列等）、裁剪（如分割体、分割面等）、修饰（如倒角、倒圆、拔模、抽壳等）、布尔运算（如求和、求差、求交等）的操作。

一、草图

草图是指位于二维平面内的曲线和点的集合，是参数化造型的重要工具。设计人员可以依据图纸要求绘制二维草图曲线，添加必要的几何约束、尺寸约束及定位，以满足设计要求。进入草图绘制环境后，【草图工具】工具条或【草图】菜单如图 1-2-2 所示。

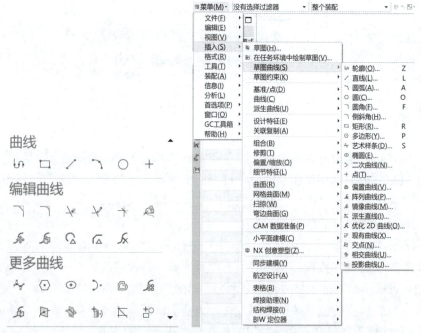

图 1-2-2 【草图工具】工具条或【草图】菜单

（一）草图曲线

1. 轮廓命令 ⌇

可创建一系列相连直线和圆弧，每条曲线的末端即下一条曲线的开始。使用此命令可通过一系列鼠标单击快速创建轮廓，如图 1-2-3 所示。

2. 直线命令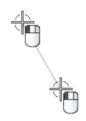

可创建单条线。指定端点时，确保通过单击而不是拖动来创建它们，如图1-2-4所示。

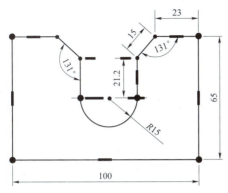

图1-2-3　轮廓命令　　　　　　图1-2-4　直线命令

【小提醒】

如要一次创建多条线，建议使用轮廓命令。

---

3. 圆弧命令

可创建关联的圆弧特征。通常可通过以下两种方法之一进行创建：三点定圆弧、中心和端点定圆弧。

4. 圆命令

可创建单个圆形。通常可通过以下两种方法之一进行创建：圆心和直径定圆、三点定圆。

5. 圆角命令

可在两条或三条曲线之间创建圆角。通常可通过以下两种方法之一进行创建：修剪、取消修剪。

6. 倒斜角命令

对两条草图线之间的尖角进行倒斜角。在【倒斜角】对话框中，可通过设置对称（设置距离）、非对称（设置距离1、距离2）、偏置和角度（设置距离和角度）3种方式进行创建。

7. 矩形命令

可创建单个矩形。通常可通过以下5种方法之一进行创建。

（1）按2点：根据对角上的两点创建矩形。矩形与 *XC* 和 *YC* 草图轴平行。

（2）按3点：用于创建和 *XC* 轴和 *YC* 轴成角度的矩形。前两个选择的点显示宽度和矩形的角度。第3个点指示高度。

（3）从中心：先指定中心点、第2个点来指定角度和宽度，并用第3个点来指定高度以创建矩形。

（4）坐标模式：用 *XC*、*YC* 坐标为矩形指定点。使用屏显输入框或在图形窗口中单击鼠标左键指定坐标。清除此选项可选择参数模式。

（5）参数模式：用相关参数值为矩形指定点。清除此选项可选择坐标模式。

8. 多边形命令 ⬡

创建具有指定数量的边的多边形。可通过指定中心点，边数，内切圆半径或外接圆半径、边长，旋转角度来创建多边形。

9. 艺术样条命令 〰

通过拖放定义点或极点并在定义点指定斜率或曲率约束，动态创建和编辑样条。

10. 椭圆命令 ✦

根据中心点和尺寸创建椭圆。在【椭圆】对话框中，需要设置中心点、大半径、小半径和旋转角度等参数。

11. 点命令 ╋

创建草图点。可在图中直接选取关键点，也可在【点】对话框中通过设置点的位置来确定关键点。

（二）编辑曲线

1. 偏置曲线命令 🗇

偏置曲线是指在距原曲线一定距离处生成原曲线的副本曲线。可以偏置位于草图平面上的曲线。通过设置偏移的距离值，选择要偏移的曲线和要偏移的方向，进行偏置。

使用偏置曲线命令可在距现有直线、圆弧、二次曲线、样条和边的一定距离处创建曲线。可以创建如下 4 种不同类型的偏置曲线。

（1）距离类型。在原曲线的平面中以恒定距离对曲线进行偏置，如图 1−2−5 所示。

（2）拔模类型。与原曲线的平面呈一定角度并以恒定距离对曲线进行偏置，如图 1−2−6 所示。

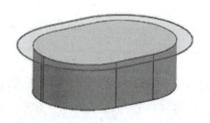

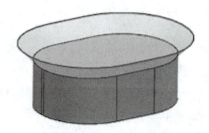

图 1−2−5　距离类型　　　　　　　　　　图 1−2−6　拔模类型

（3）规律控制类型。在原曲线的平面中以规律控制的距离对曲线进行偏置，如图 1−2−7 所示。

（4）3D 轴向类型。在指向原曲线平面的矢量方向以恒定距离对曲线进行偏置，如图 1−2−8 所示。

2. 阵列曲线命令 🔀

可以阵列位于草图平面上的曲线链。一般有选择线性阵列或圆形阵列两种方式。

3. 镜像曲线命令 ⎘

使用镜像曲线命令可将草图曲线以一条直线或坐标轴作为对称中心线进行镜像复制，以生成新的曲线，并且当原曲线改变时镜像曲线也随之改变，如图 1−2−9 所示。

图 1-2-7　规律控制类型　　　　　图 1-2-8　3D 轴向类型

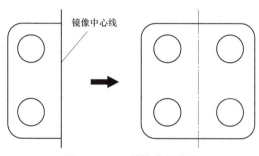

图 1-2-9　镜像曲线命令

4. 派生曲线命令

在两条平行直线中间创建一条与另一直线平行的直线，或在两条不平行直线之间创建一条平分线。

（三）草图曲线编辑命令曲线编辑

绘制后的草图曲线，还可采用快速修剪、快速延伸、移动曲线、删除曲线等编辑方式进行修整。图 1-2-10 所示为草图曲线编辑命令。

1. 快速修剪

使用快速修剪命令可以将曲线修剪到任一方向上最近的实际交点或虚拟交点，在曲线上方移动光标可预览修剪，然后选择单个曲线进行修剪。图 1-2-11 所示为快速修剪命令。

2. 快速延伸

使用快速延伸命令可以将曲线延伸至另一邻近曲线或选定的边界。

3. 移动曲线

该命令可用于移动一组曲线并调整相邻曲线。

4. 删除曲线

该命令可用于删除一组曲线并调整相邻曲线。

（四）草图约束

对草图进行合理的约束是实现草图参数化的关键所在。草图约束包括 3 种类型：尺寸约束、几何约束和定位约束。

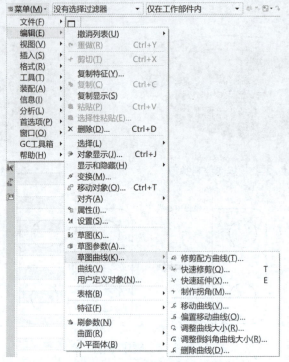

图 1－2－10　草图曲线编辑命令

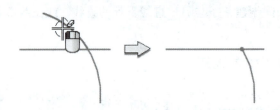

图 1－2－11　快速修剪命令

1. 尺寸约束

草图的尺寸约束是对草图进行标注，来控制图素的几何尺寸。

【草图工具】工具条中的【快速尺寸】按钮，可用单个命令和一组基本选项从一组常规、好用的尺寸类型中快速创建不同的尺寸。

自动判断是基于选定对象和光标位置确定要创建的尺寸类型。例如水平、竖直、点对点、垂直、圆柱、角度、径向、直径等。

> 【小提醒】
>
> 利用【快速尺寸】按钮标注尺寸时，光标移动的方位不同，所标注的尺寸就有可能不同。

2. 几何约束

几何约束的作用是限制草图对象之间的几何关系，比如相切、平行、垂直、相切等。

（1）自动创建约束。依据草图对象之间的几何关系，按照设定的几何约束类型，自动将相应的几何约束添加到草图对象上去，如图1-2-12所示。

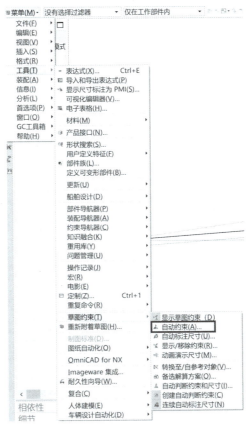

图1-2-12　自动约束

（2）手动创建约束。手动创建约束是指由用户对选取的对象指定约束，即几何约束 ⊿。

使用几何约束命令，可向草图几何元素中手动添加几何约束。先选择约束类型，然后再选择要约束的对象。通过此工作流程可在多个对象上快速创建相同的约束。它还会对选择过滤器进行设置，从而仅允许选择满足选定约束的正确几何体类型。

约束可以将直线定义为水平或竖直、确保多条直线保持相互平行、要求多个圆弧有相同的半径等，如图1-2-13所示。

3. 定位约束

定位约束的作用在于确定草图相对于实体边缘线或特征点的位置。

二、实体建模

NX提供了特征建模模块、特征操作模块和特征编辑模块，具有强大的实体建模功能。

拉伸特征是将某个截面曲线沿着指定的方向拉伸一定距离而生成的特征。该命令在建模过程中应用广泛。图1-2-14所示为从曲线的截面形成实体。

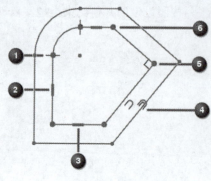

图 1-2-13　约束范例

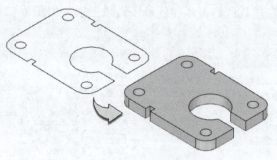

图 1-2-14　从曲线的截面形成实体

1—相切；2—竖直；3—水平；4—偏置；5—垂直；6—重合

选择菜单栏中【插入】|【设计特征】|【拉伸】命令（图 1-2-15），或者单击【特征】工具栏中的【拉伸】按钮 ，弹出【拉伸】对话框（图 1-2-16），可以通过设定距离来实现拉伸实体的高度，也可以通过布尔运算方式，实现拉伸时以增减材料的方式创建实体。

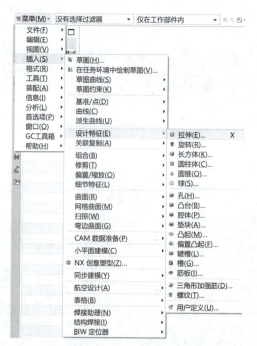

图 1-2-15　拉伸打开方式

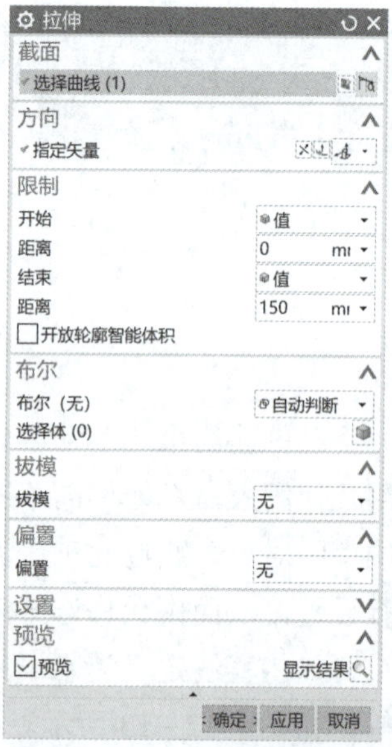

图 1-2-16　【拉伸】对话框

任务实施

Step1 启动 NX 软件。

Step2 新建实体建模文件。单击【UG 软件基本环境】对话框上的【新建】按钮，打开【新建文件】对话框，新建"凸轮.prt"文件，保存路径为"D：\项目 1 凸

视频 2　凸轮
实体建模

轮设计"，文件名为"凸轮"。

Step3 单击菜单栏中的【插入】|【在任务环境中绘制草图】命令，或单击【直接草图】工具栏中的【草图】按钮 🔲 ，选择"*XC – YC* 平面"作为工作平面绘制草图，新建一个草图文件，如图 1 – 2 – 17 所示。

图 1 – 2 – 17　新建草图文件

Step4 单击【圆】命令，选择"圆心和直径定圆" ⊙ ，在绘图区域中绘制两个半径分别为 *R*8 和 *R*16 的圆，并标注如图 1 – 2 – 18 所示的图形尺寸。

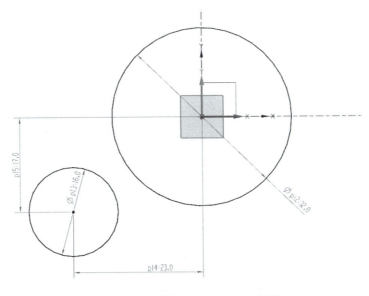

图 1 – 2 – 18　绘制半径为 *R*8 和 *R*16 的圆

Step5 单击【直线】命令，选择"坐标模式" XY ，在绘图区域中绘制两条分别和 $R8$ 和 $R16$ 的圆相切的直线，如图 1-2-19 所示。

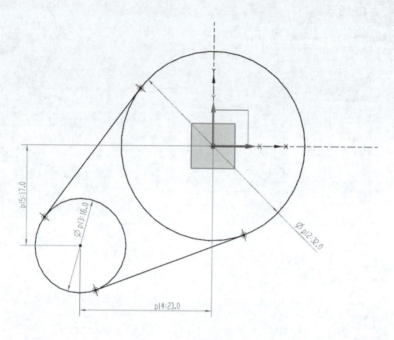

图 1-2-19　绘制两圆的相切线

Step6 单击【快速修剪】命令，选择【要修剪的曲线】，在绘图区域中对图进行快速修剪，如图 1-2-20 所示。

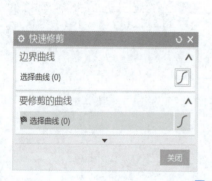 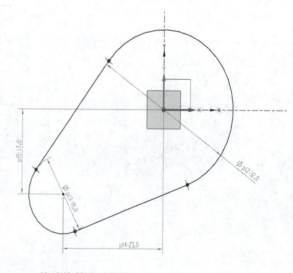

图 1-2-20　快速修剪凸轮曲线

Step7 单击【矩形】命令，选择两点矩形，在绘图区域中单击两点确定矩形大体位置和大小。单击【快速尺寸】命令，标注如图1-2-21所示的图形尺寸。

Step8 单击【快速修剪】命令，选择【要修剪的曲线】，在绘图区域中对图进行快速修剪，如图1-2-22所示。

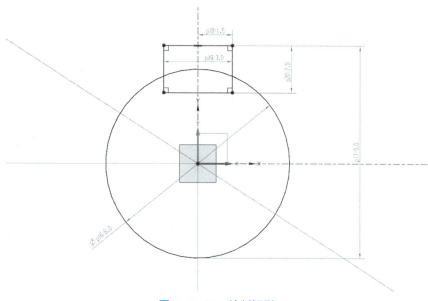

图1-2-21　绘制矩形

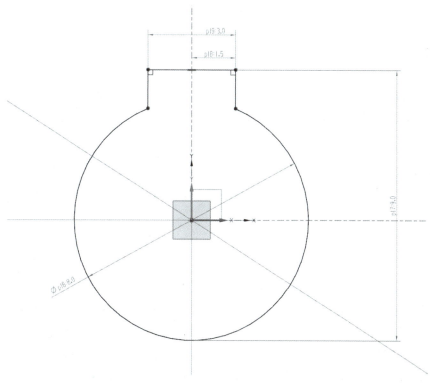

图1-2-22　快速修剪内孔轮廓

Step9 单击【完成草图】按钮 ，完成草图。

Step10 在【拉伸】对话框中，设置【结束】的【距离】值为"5"，单击【确定】按钮完成实体建模，如图 1-2-23 所示。

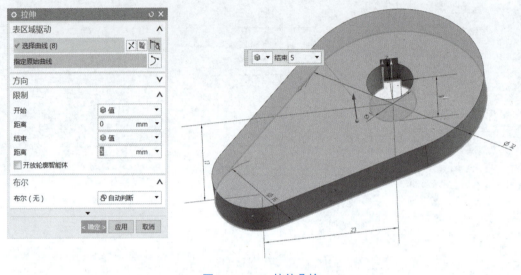

图 1-2-23　拉伸凸轮

Step11 单击【保存】按钮完成凸轮实体的创建。

任务总结

至此，凸轮已创建完毕。此任务属于拉伸建模，并且是由二维曲线转变成实体的全过程。在绘制过程中大家也发现，拉伸的方法有很多种，需要针对不同的零件选择不同的设计顺序。

知识拓展

一、坐标系

NX 软件中有多个不同的坐标系。三轴符号用于标识坐标系，轴的交点称为坐标系的原点，原点的坐标值为 $X=0$、$Y=0$ 和 $Z=0$。每条轴线均表示该轴的正向。

最常用于设计和模型创建的坐标系为绝对坐标系（absolute coordinate system，ACS）、工作坐标系、基准坐标系（coordinate system，CSYS）。绝对坐标系是不可见或不可移动的，系轴的方向与视图三重轴相同，但原点不同；工作坐标系提供一个可移动的工作坐标系；基准坐标系可以创建所需数量的基准坐标系，如图 1-2-24 所示。

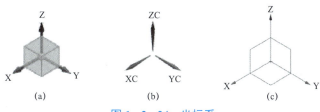

图 1-2-24　坐标系

（a）绝对坐标系；（b）工作坐标系；（c）基准坐标系

二、布尔操作

在拉伸和旋转之类的命令中选择布尔选项，或者将求和 、求差 和求交 命令用于实体，可创建单独的布尔特征。

三、变换

变换命令 可对部件中的对象执行高级重定位和复制操作。变换命令对于非参数化对象和线框对象最有用。通过变换命令，可以同时移动并调整对象大小，通过直线或平面创建包括线框对象在内的对象的镜像副本，创建对象的矩形或圆形阵列，使用一组参考点来重定位和重构对象。

任务拓展

请依据拉伸建模的创建方法，完成如图 1-2-25 所示凸轮盘的建模。

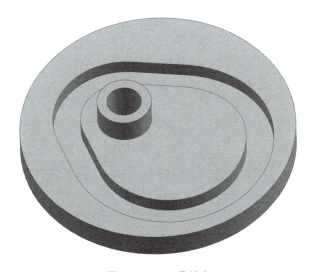

图 1-2-25　凸轮盘

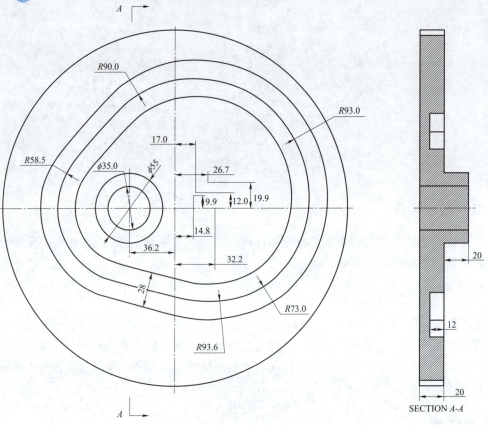

图 1－2－25　凸轮盘（续）

项目评价

评价内容					学生姓名				评价日期			
评价项目	学生自评				生生互评				教师评价			
	优	良	中	差	优	良	中	差	优	良	中	差
课堂表现												
回答问题												
作业态度												
知识掌握												
综合评价	寄语											

项目二
悬空架设计

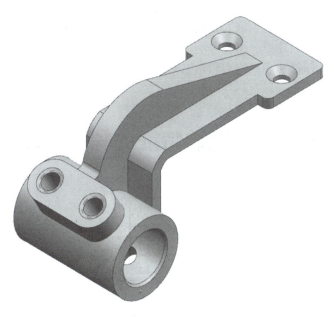

悬空架

悬空架是工业生产中常见的一种支架类零件。随着科学技术的不断进步，我国机械制造业得到了迅猛发展。支架类零件的操纵性和稳定性良好，同时可承受较大的弯曲应力，可用于对强度、耐磨性要求较高的较重要零件和要求保持气密性的铸件；广泛地应用于机床、汽车、拖拉机等机械变速箱中。

支架类零件的制造工艺虽然比较简单，但其制造和设计过程涉及了机械加工工艺的多个方面，具有一定的代表性。

本项目以悬空架产品为依托，产品材料要求为HT200，产量需求为大批量生产，产品表面要求倒圆角、涂防锈漆。

项 目 工 作 场 景

此项目为某精密机器有限公司承接项目。项目的实施涉及零件设计，需要工程部门经理组织人员设计完成此项任务。

方 案 设 计

设计人员依据产品材料、产量、产品表面质量及使用功能等要求，对零件进行设计并造型。

相 关 知 识 和 技 能

- 掌握基准特征命令、倒角辅助建模命令以及螺纹命令的基本操作方法。
- 掌握悬空类实体的建模思路和方法。
- 培养学生合作精神、观察能力和学以致用的能力。

任务 1　基准特征的辅助建模

任务目标

（1）掌握平行基准平面创建的基本操作方法。
（2）掌握拉伸命令的基本操作命令。
（3）培养学生合作精神、观察能力和学以致用的能力。

任务分析

使用 NX 12.0 强大的特征建模功能，可以创建所需的基准平面、基准轴和基准坐标系等。

在设计中，创建基准平面、基准轴或基准坐标系有助于特征创建和放置。通常可以在某一基准平面内创建特征截面或轨迹，然后通过一定方式由草图生成所需的实体特征，如拉伸特征、回转特征。

NX 12.0 提供了专门用于特征建模的【特征】工具栏，如图 2-1-1 所示。用户可以根据设计的实际情况，定制在【特征】工具栏中显示哪些特征工具按钮，以便设计操作。

图 2-1-1　【特征】工具栏

知识准备

基准特征主要用来为其他特征提供放置和定位参照，主要包括基准平面、基准轴、基准坐标系和基准点等。

一、基准平面

在设计过程中，时常需要创建一个新的基准平面，用于构造其他特征。

在【特征】工具栏中单击【基准平面】按钮 □，打开如图 2-1-2 所示的【基准平面】对话框。接着根据设计需要，指定类型选项、参照对象、平面方位和关联设置即可创建一个新的基准平面。

在【基准平面】对话框的【类型】下拉列表框中提供了如图 2-1-3 所示的类型选项，包括"自动判断""按某一距离""成一角度""二等分""曲线和点""两直线""相切""通过对象""点和方向""曲线上""YC-ZC 平面""XC-ZC 平面""XC-YC 平面""视图平面""按系数"等。其中默认选项为"自动判断"，系统将根据选择的对象自动判断新基准平面的可能约束关系。

图 2-1-2　【基准平面】对话框　　图 2-1-3　用于创建基准平面的类型选项

二、基准点

创建基准点的典型步骤如下。

（1）在【特征】工具栏中单击【点】按钮＋，弹出如图 2-1-4 所示的【草图点】对话框。

（2）在【类型】下拉列表中选择其中一种所需的类型选项，如"自动判断的点"。根据所选类型选项，进行相关约束设置。

（3）定义点位置后，单击【草图点】对话框中的【确定】按钮或【应用】按钮。

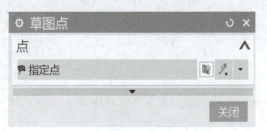

图 2-1-4 【草图点】对话框

任务实施

下面以机座实例来说明 NX 中基准特征中**平行基准特征**的辅助建模过程。本任务的机座产品模型如图 2-1-5 所示。

视频 3 机座产品
模型的建模

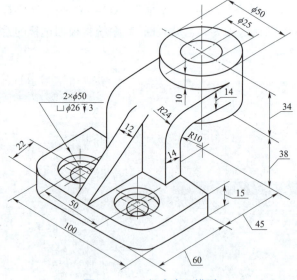

图 2-1-5 机座产品模型

操作步骤如下。

Step1 启动 NX 软件。

Step2 在主菜单中选择【文件】|【新建】命令，系统弹出【新建】对话框，单击【确认】按钮，进入 UG NX 建模环境。

Step3 在工具栏右侧右击，选择【定制】，在【搜索】栏中，搜索"草图"，在下拉栏中找到【在任务环境中创建草图】命令，并按住鼠标左键拖动至【直接草图】工具栏，如图 2-1-6 所示。

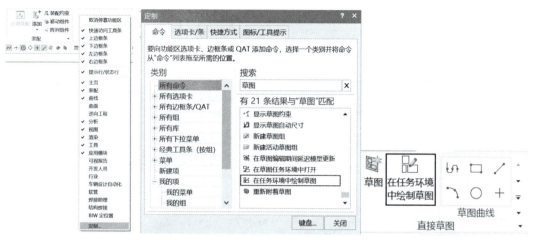

图 2-1-6 定制【在任务环境中绘制草图】命令

Step4 选择"*XOZ* 平面"进行曲线绘制。曲线尺寸如图 2-1-7 所示。

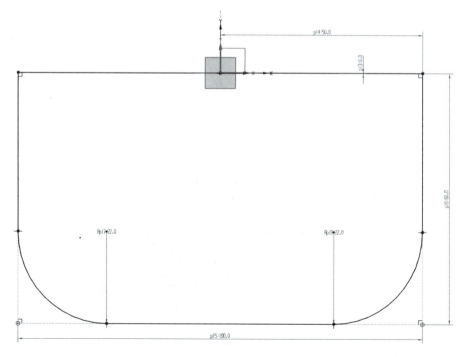

图 2-1-7 创建草图

设置拉伸【距离】为"15",如图 2-1-8 所示。

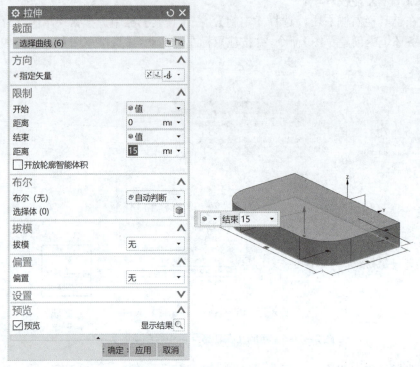

图 2-1-8　设置拉伸【距离】

Step5 创建底座两个沉孔,运用拉伸命令中的布尔求差,如图 2-1-9 所示。

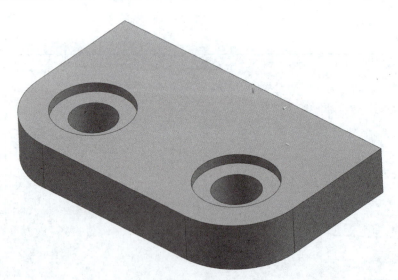

图 2-1-9　创建沉孔

Step6 创建基准平面,选择"*XOY* 平面"为"要定义平面的对象",设置【偏置】的【距离】为"38",如图 2-1-10 所示。

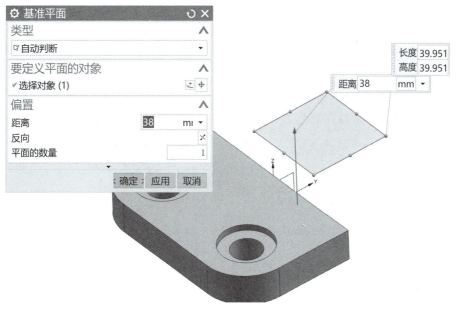

图 2-1-10 创建基准平面

Step7 在创建的基准平面上，进行拉伸创建，如图 2-1-11 所示。

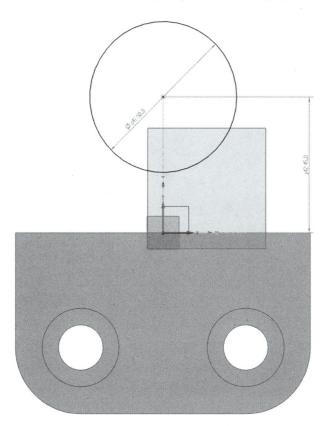

图 2-1-11 拉伸草图

设置拉伸【距离】为"34"，如图 2-1-12 所示。

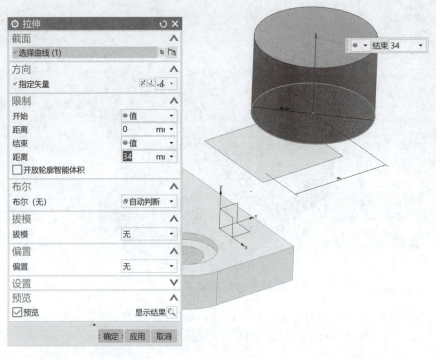

图 2-1-12　设置拉伸【距离】

Step8 在 *YOZ* 平面创建草图，如图 2-1-13 所示。

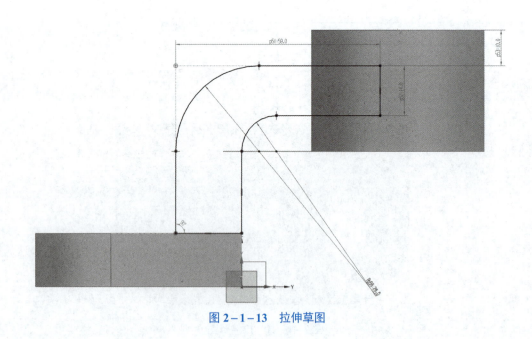

图 2-1-13　拉伸草图

给定对称拉伸，设置拉伸【距离】为"25"，注意求和，如图 2-1-14 所示。

图 2-1-14　拉伸（求和）

Step9 在 φ50 的圆柱体上表面，创建草图，注意孔的【结束】值设置为"贯通"，注意求差，如图 2-1-15 所示。

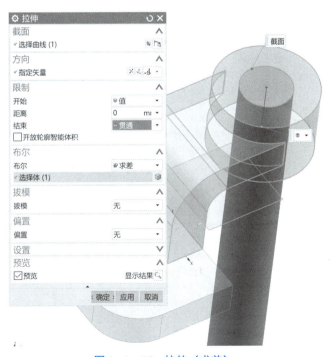

图 2-1-15　拉伸（求差）

Step10 在 *YOZ* 平面，创建草图，如图 2-1-16 所示。

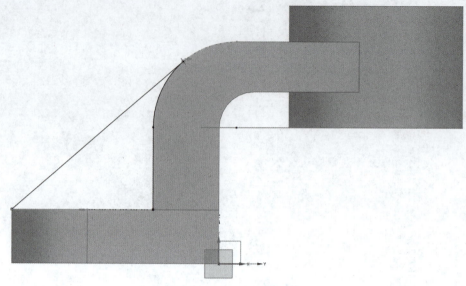

图 2-1-16　拉伸草图

给定对称拉伸，设置拉伸【距离】为"6"，注意求和，如图 2-1-17 所示。

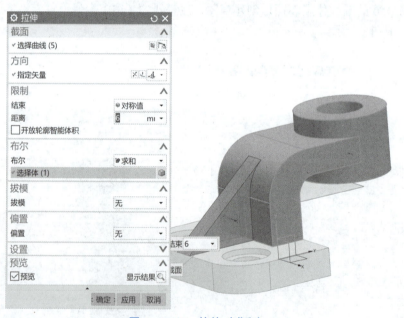

图 2-1-17　拉伸（求和）

任务总结

至此，运用基准特征中**平行基准特征**来辅助创建机座的建模过程已经完成。此任务属于复杂建模中多种辅助建模手段的学习准备。只有将多种辅助建模的方法学会，才能提高产品设计的准确度和设计效率，这就需要大家在更多的实际产品设计中积累相关的经验。

任务拓展

请依据平行基准特征的创建方法，结合之前所学的建模方法，完成如图 2-1-18 所示的阀体建模。

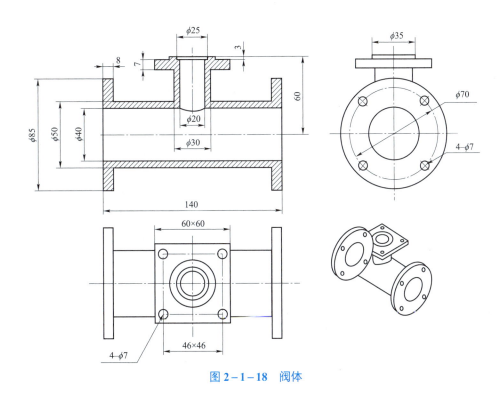

图 2-1-18 阀体

任务 2 边倒圆、倒斜角的辅助建模

任务目标

（1）掌握角度基准平面创建的基本方法。

（2）掌握边倒圆、倒斜角命令的基本操作。

（3）培养学生合作精神、观察能力和学以致用的能力。

任务分析

在上一个任务中，使用 NX 12.0 中创建平行基准平面的方法来帮助学生建模。在接下来的任务中，学生将继续学习用创建角度基准平面的方法来帮助建模。另外，本任务在原有特征的基础上，可以对相关特征进行修改或编辑等操作，从而获得所需的模型效果。特征操作的典型内容包括细节特征设计（如边倒圆、倒斜角等）。

知识准备

在 NX 中，将边倒圆、面倒圆、样式倒圆、样式拐角、倒斜角和拔模这些特征统称为细节特征。创建此类细节特征的命令位于菜单栏的【插入】|【细节特征】菜单中，如图 2-2-1 所示。使用此类特征有助于改善零件的制造和使用工艺等。

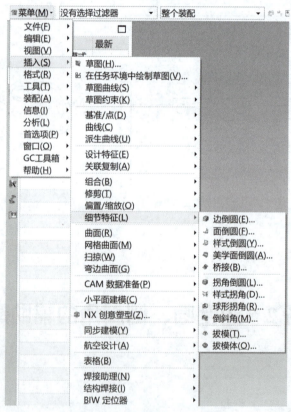

图 2-2-1 【细节特征】菜单

一、边倒圆

边倒圆是指对面之间的锐边进行倒圆，如图 2-2-2 所示。凸起边以去除实体材料的方式生成倒圆形状；而凹边则以添加实体材料的方式生成倒圆形状。圆角半径既可以是恒定的（常数），也可以是可变的（变量）。

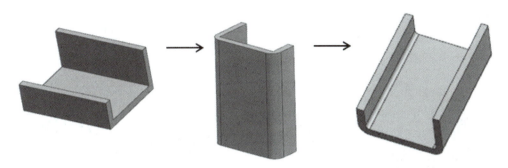

图 2-2-2　边倒圆的示例

在菜单栏中选择【插入】|【细节特征】|【边倒圆】命令，或者在【特征操作】工具栏中单击【边倒圆】按钮 ，打开如图 2-2-3 所示的【边倒圆】对话框。该对话框具有的选项组比较多，为方便选择要倒圆的边，可以输入当前圆角半径，指定可变半径点，设置【拐角倒角】【拐角突然停止】，设置【长度限制】，以及定义【溢出】等。

图 2-2-3　【边倒圆】对话框

对于恒定半径的常规圆角，其创建方法很简便，即选择【边倒圆】命令后，选择实体的边，并在【半径】选项中设置当前圆角集的半径，需要时可以利用【边倒圆】对话框设置其他一些参数和选项，然后单击【确定】按钮或【应用】按钮。

二、倒斜角

倒斜角是指对面之间的锐边进行倾斜的倒角处理，如图 2-2-4 所示。

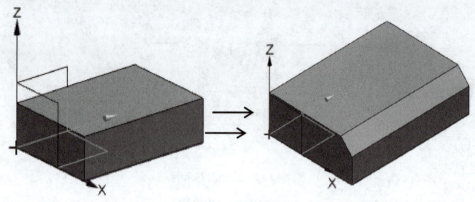

图 2-2-4　倒斜角示例

在菜单栏中选择【插入】|【细节特征】|【倒斜角】命令，或者在【特征操作】工具栏中单击【倒斜角】按钮，打开如图 2-2-5 所示的【倒斜角】对话框。

图 2-2-5　【倒斜角】对话框

在【偏置】选项组中设置【横截面】的【偏置】选项，可供选择的【横截面】【偏置】选项包括【对称】【非对称】【偏置和角度】，接着根据所选选项输入相应的参数。

在【设置】选项组中，可以指定【偏置法】，包括【沿面偏置边】和【偏置面并修剪】，以及可以设置对所有实例进行倒斜角。对于横截面【偏置】选项为【偏置和角度】时，只需在该选项组中设置是否对所有实体进行倒斜角。

在【预览】选项组中，可以选中【预览】复选框来预览倒斜角操作等。

下面介绍倒斜角的 3 种横截面偏置方法。

（一）对称

从【偏置】选项组的【横截面】下拉列表框中选择【对称】选项时，只需设置一个【距离】参数，从边开始的两个偏置距离相同，如图2-2-6所示。

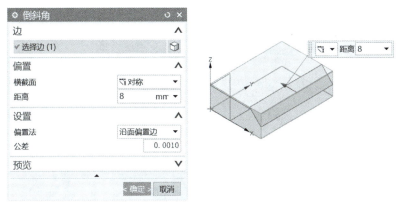

图2-2-6　对称偏置

（二）非对称

从【偏置】选项组的【横截面】下拉列表框中选择【非对称】选项时，需要分别设置【距离1】和【距离2】，如图2-2-7所示。如果发现设置的【距离1】和【距离2】偏置方向不对，可以单击【反向】按钮。

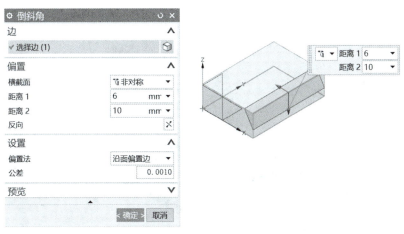

图2-2-7　非对称偏置

（三）偏置和角度

从【偏置】选项组的【横截面】下拉列表框中选择【偏置和角度】选项时，需要分别设置【偏置】的【距离】和【角度】，如图2-2-8所示。可以单击【反向】按钮来切换该倒斜角的另一个解。当将【角度】设置为"45"时，则得到的倒斜角效果和对称倒斜角的效果相同。

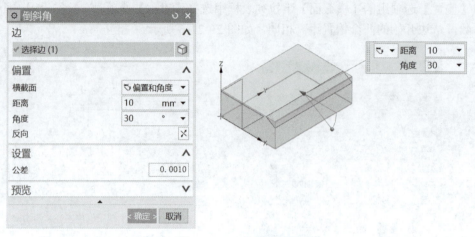

图 2-2-8　偏置和角度

任务实施

下面以托架实例来说明 NX 中的基准特征中**角度基准特征、边倒圆、倒斜角**的辅助建模过程。本任务的产品模型如图 2-2-9 所示，斜板倾角为 60°，板厚均为 6。

视频 4　斜支架
产品模型的建模

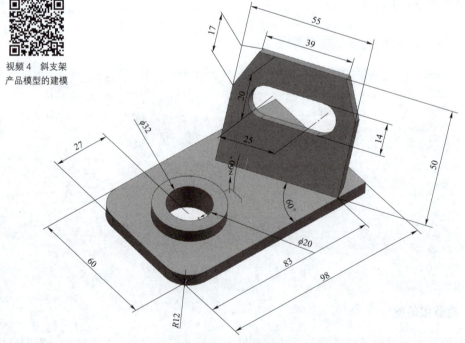

图 2-2-9　斜支架产品模型

操作步骤如下。

Step1 启动 NX 12.0 软件。

Step2 在主菜单中选择【文件】|【新建】命令，系统弹出【新建】对话框，单击【确认】按钮，进入 UG NX 建模环境。

Step3 在主菜单中选择【菜单】|【插入】|【在任务环境中绘制草图】命令，系统弹出【新建】对话框，单击【确认】按钮，进入 UG NX 建模环境，如图 2－2－10 所示。

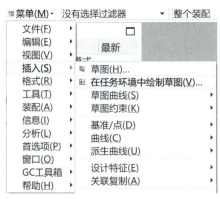

图 2－2－10　草图绘制

Step4 选择"XOY平面"进行曲线绘制。曲线尺寸如图 2－2－11 所示。

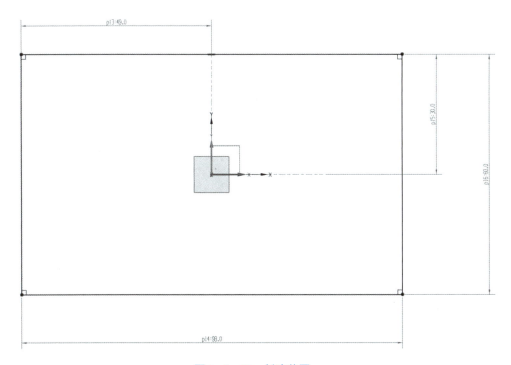

图 2－2－11　创建草图

单击【拉伸】命令，设置拉伸【距离】为"6"，如图 2−2−12 所示。

Step5 打开【边倒圆】命令 边倒圆，设置圆角【半径 1】为"12"，选择如图 2−2−13 所示的两条边进行边倒圆。

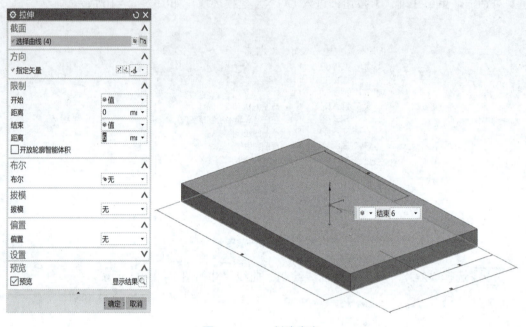

图 2−2−12　创建底座

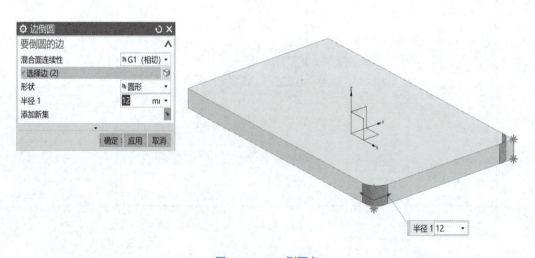

图 2−2−13　倒圆角

Step6 选择该底板的上表面进行拉伸，绘制如图 2−2−14 所示尺寸的圆。

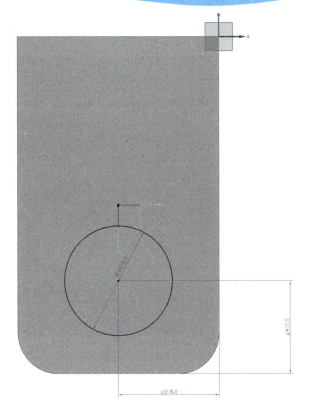

图 2－2－14　拉伸草图

设置拉伸【距离】为"6"，注意求和，如图 2－2－15 所示。

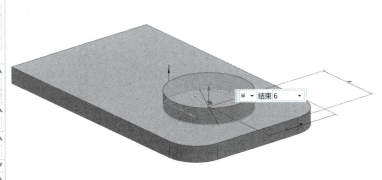

图 2－2－15　拉伸

Step7 选择圆柱的上表面继续进行拉伸，绘制如图 2-2-16 所示尺寸的圆。

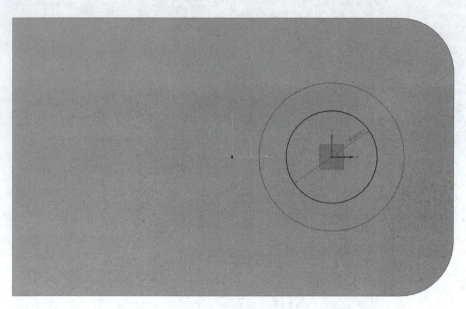

图 2-2-16　拉伸草图

设置拉伸【距离】为"20"，注意求差，如图 2-2-17 所示。

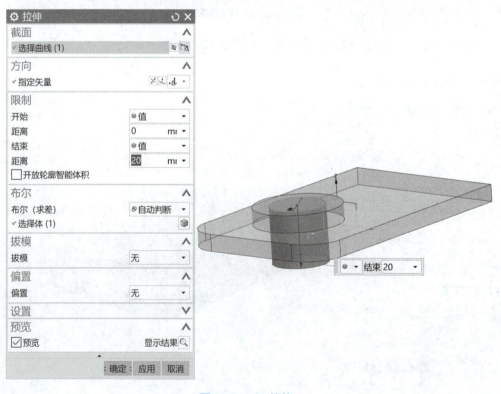

图 2-2-17　拉伸

Step8 选择【基准平面】命令，在【基准平面】对话框中，选择"按某一距离"类型，选择宽为 60 的平面，设置【距离】为"83"，创建基准平面，如图 2-2-18 所示。

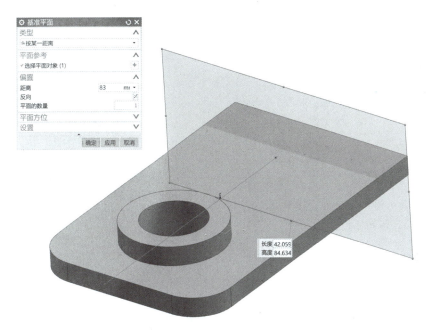

图 2-2-18　创建基准平面

Step9 选择【基准轴】命令，在【基准轴】对话框中，选择 Step8 创建的基准平面，以及右侧面，创建基准轴，如图 2-2-19 所示。

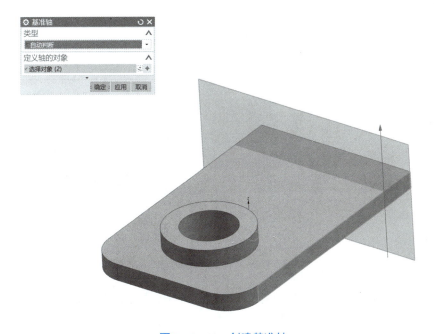

图 2-2-19　创建基准轴

Step10 选择【基准平面】命令，在【基准平面】对话框中，选择"成一角度"类型，分别选择 Step8、Step9 创建的基准平面和基准轴，设置【角度】为"60"，创建基准平面，如图 2-2-20 所示。

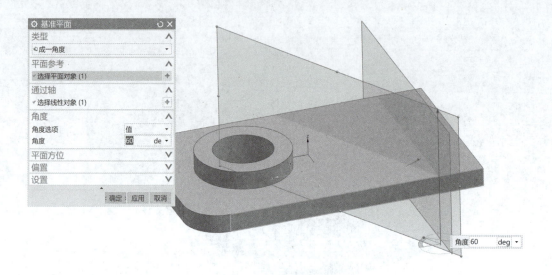

图 2-2-20　创建基准平面

Step11 选择【基准轴】命令，在【基准轴】对话框中，选择 Step10 创建的平面，以及底座的上表面，创建基准轴，如图 2-2-21 所示。

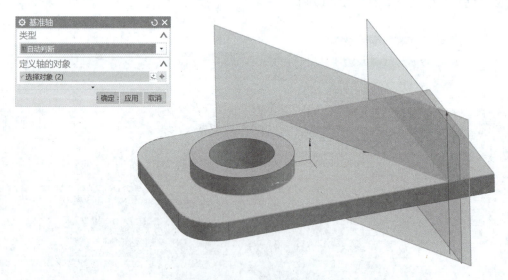

图 2-2-21　创建基准轴

Step12 选择【基准平面】命令，在【基准平面】对话框中，选择"成一角度"类型，分别选择 Step11 创建的基准轴，以及底座上表面，设置【角度】为"-60"，创建基准平面，如图 2-2-22 所示。

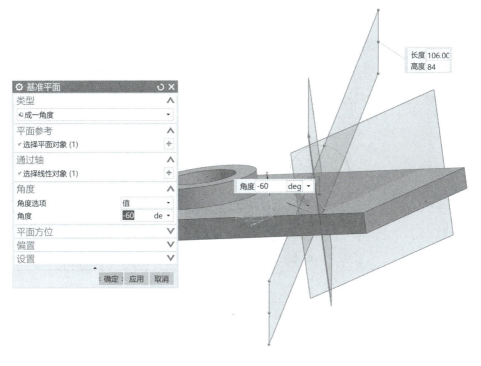

图 2-2-22 创建基准平面

Step13 选择 Step12 创建的基准平面进行拉伸，绘制如图 2-2-23 所示尺寸的图形。

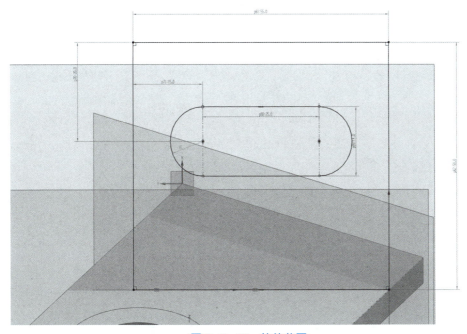

图 2-2-23 拉伸草图

设置拉伸【距离】为"6"，注意求和，如图 2-2-24 所示。

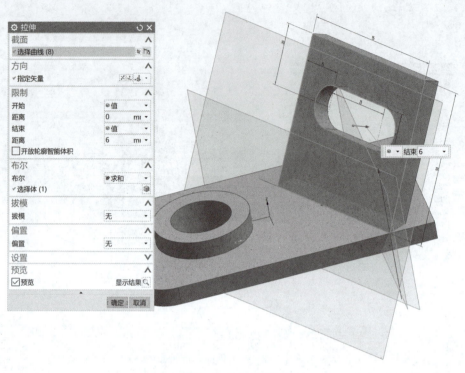

图 2-2-24　拉伸

Step14 选择【倒斜角】命令，选择直角边，设置【距离 1】【距离 2】分别为"17""8"，进行倒斜角，如图 2-2-25 所示。

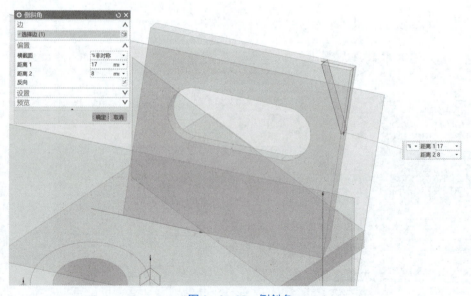

图 2-2-25　倒斜角

Step15 选择【倒斜角】命令，选择另一条直角边，设置【距离1】【距离2】分别为"8""17"，进行倒斜角，如图2-2-26所示。

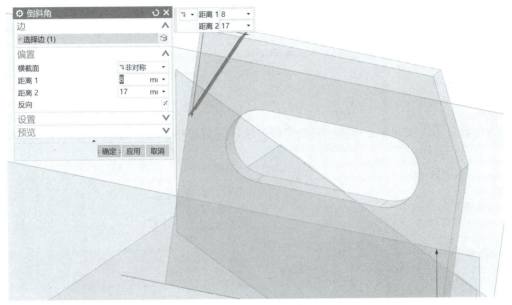

图 2-2-26 倒斜角

完成最终建模，如图2-2-27所示。

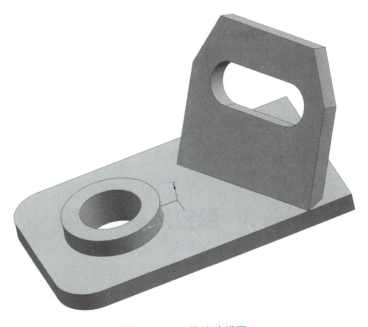

图 2-2-27 最终建模图

任务总结

　　至此，运用基准特征中**角度基准特征、基准轴**，**边倒圆、倒斜角**来辅助创建托架的建模过程已经完成。此任务同样属于复杂建模的多种辅助建模手段的学习，希望本任务中增加的辅助建模方法，学习者能够拓宽思维，灵活运用。

任务拓展

　　请结合任务 1 和任务 2 所学的辅助建模方法，完成如图 2-2-28 所示转接体的建模。

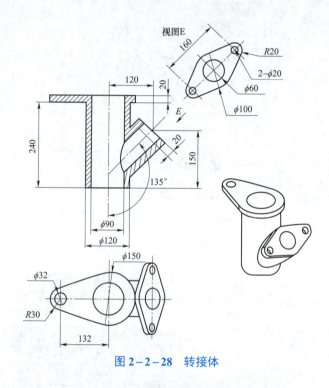

图 2-2-28　转接体

任务 3　悬空架实体建模

任务目标

（1）掌握布尔运算命令的基本操作。

（2）掌握镜像体命令的基本操作。

（3）培养学生合作精神、观察能力和学以致用的能力。

任务分析

本任务在原有命令的基础上，学习布尔运算和镜像体等操作，从而进行悬空架的实体建模。本任务产品悬空架属于叉架类零件。

叉架类零件形状复杂多样，其结构一般都由支撑部分、工作部分和连接部分组成，其结构形状复杂多样，多为铸、锻毛坯加工而成，工作部分常为孔、叉结构，连接部分是断面为各种形状的肋。

叉架类零件包括各种拨叉和支架。拨叉主要用在机床、内燃机等各种机器的操作机构上，用来操纵机器，调节速度。支架主要起支撑和连接作用。

知识准备

一、布尔运算

对象间的布尔运算是指将两个或多个对象（实体或片体）组合成一个对象。布尔运算包括求和、求差和求交。

在进行布尔运算之前，需要了解一下目标体和刀具体（也称工具体）的基本概念。目标体是指需要与其他体组合的实体或片体；而刀具体是指用来改变目标体的实体或片体，刀具体可以有多个。目标体与刀具体是接触或相交的。

二、求和

求和是指将两个或更多实体的体积合并为单个体。图 2-3-1 所示的单一实体对象可以由一个长方体和一个圆柱体通过求和方式合并而成。

对相互接触或相交的两个实体进行求和操作，其方法和步骤如下。

（1）在【特征操作】工具栏中单击【求和】按钮 ，或者从菜单栏中选择【插入】|【组合体】|【求和】命令，系统弹出如图 2-3-2 所示的【合并】对话框。

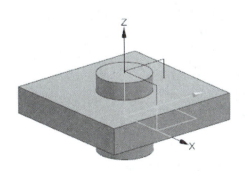

图 2-3-1　求和运算示例

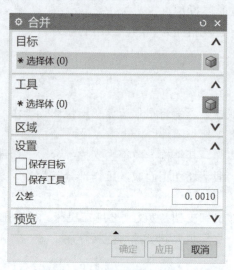

图 2-3-2 【合并】对话框

（2）选择其中一个实体作为目标体。

（3）选择另一个实体作为刀具体（工具体）。

（4）在设置选项组中，根据设计要求决定是否选中【保存目标】复选框和【保存工具】复选框，还可以设置【公差】值。如果选中【保存目标】复选框，则完成求和运算后目标体还保留；同样，如果选中【保存工具】复选框，则完成求和运算后工具体还保留。

（5）单击【确定】按钮或【应用】按钮，完成这两个实体的合并。

三、镜像特征

镜像特征操作是指复制特征并根据指定的平面进行镜像。创建镜像特征的典型示例如图 2-3-3 所示。

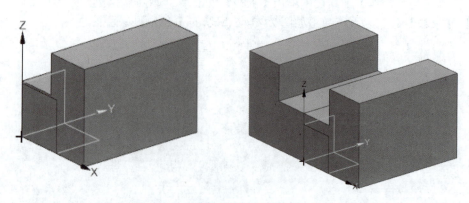

图 2-3-3 创建镜像特征的典型示例

创建镜像特征的方法及步骤较为简单，可分为以下几个小步骤。

（1）在【特征操作】工具栏中单击【镜像特征】按钮 ，或者从菜单栏中选择【插入】|【关联复制】|【镜像特征】命令，弹出如图 2-3-4 所示的【镜像特征】对话框。

（2）选择要镜像的特征。

（3）在【镜像平面】选项组中，从【平面】下拉列表框中选择"现有平面"选项，接着【平面】按钮 处于活动状态下，选择所需的平面作为镜像平面。

如果模型中没有所需要的镜像平面，则可以通过从【平面】下拉列表框中选择"新平面"选项创建新的平面来定义镜像平面。

（4）在【镜像特征】对话框中单击【应用】按钮或【确定】按钮，从而完成镜像特征操作。

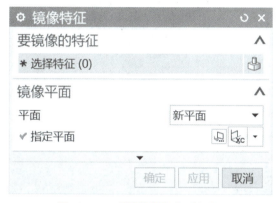

图 2-3-4　【镜像特征】对话框

视频 5　悬空架
实体建模

任务实施

本任务的要求是运用任务 1、任务 2 习得的辅助建模方法，以及综合运用布尔运算及镜像特征的方式，完成如图 2-3-5 所示尺寸的悬空架设计。

操作步骤如下。

Step1 在菜单栏中选择【文件】|【新建】命令，或者在工具栏上单击【新建】按钮 ，打开【新建】对话框。在【模型】列表框的【模板】列表中选择名称为【模型】的模板，在【新文件名】选项组的【名称】文本框中输入"xuankongjia.prt"，并指定要保存到的文件夹。单击【确定】按钮。

Step2 单击【在任务环境中创建草图】按钮 ，在【创建草图】对话框中，将【草图类型】选项设置为【在平面上】，【草图平面】选项选择"YC-ZC 平面"。在【草图方向】选项组中，【参考】选项为"水平"，【指定矢量】方向为"Y 轴"。在【草图原点】选项组中，选择"指定点"为坐标系原点，然后在【创建草图】对话框中单击【确定】按钮，如图 2-3-6 所示。

确保【圆】按钮 ○ 处于被选中状态，绘制如图 2-3-7 所示的闭合的旋转剖面。绘制图形并标注好尺寸后，单击【完成草图】按钮 ，并选中部件导航器中的刚创建的草图。

57

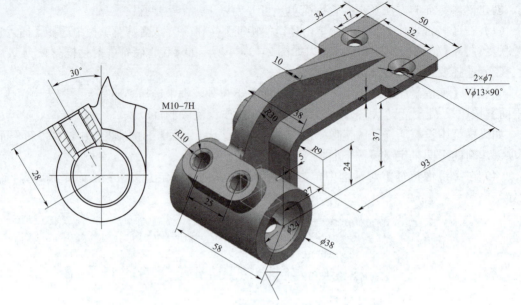

图 2-3-5　悬空架尺寸图

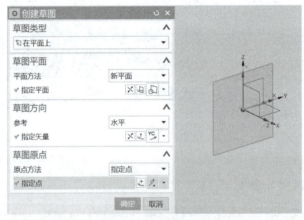

图 2-3-6　创建草图

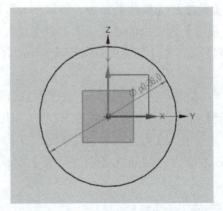

图 2-3-7　绘制闭合的旋转剖面

在【特征】工具栏中单击【拉伸】按钮 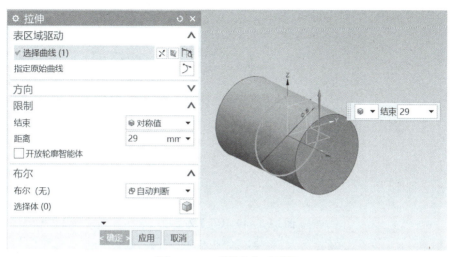，打开【拉伸】对话框，如图2-3-8所示。

图2-3-8 【拉伸】对话框

在【限制】选项组中，选择【对称值】，设置【距离】为圆柱体高度的一半，即"29"。在【拉伸】对话框中单击【确定】按钮。创建的拉伸实体特征如图2-3-9所示。

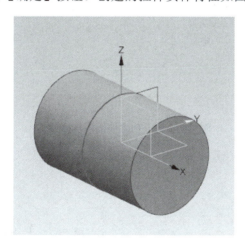

图2-3-9 创建的拉伸实体特征

Step3 单击【孔】按钮，在【孔】对话框的【类型】选项组中，从下拉列表框中选择"常规孔"，【位置】选择创建的圆柱体前端面的圆心。在【孔方向】下拉列表框中选择"垂直于面"，接着在【尺寸】选项组中设置【直径】为"24"，【深度限制】选项为"贯通体"，【布尔】选项为"减去"。图2-3-10所示为【孔】对话框。

在【孔】对话框中单击【确定】按钮。创建的圆筒实体特征如图2-3-11所示。

Step4 在【特征】工具栏中单击【基准平面】按钮。从【类型】选项组的下拉列表框中选择"成一角度"，【平面参考】选择"XY平面"，在【通过轴】选项组中选择"X轴"，将【角度】设置为"-30"，如图2-3-12所示。在【基准平面】对话框中单击【确定】按钮，从而完成凸台的基准平面（一）的创建。

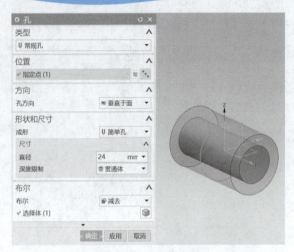

图 2-3-10 【孔】对话框

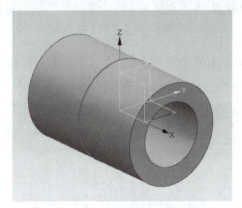

图 2-3-11 创建的圆筒实体特征

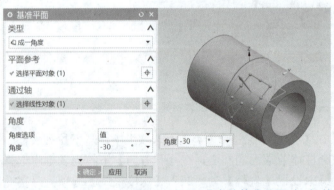 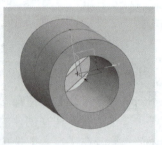

图 2-3-12 凸台的基准平面（一）的创建

【小提醒】

由于凸台和圆筒竖直方向上成 30°，考虑创建基准平面分两步。

➤ 先创建与 XY 平面成 30° 的平面，即凸台的基准平面（一）。

➤ 接着，再创建与基准平面（一）【距离】为"28"的基准平面，即凸台的基准平面（二）。

在【特征】工具栏中单击【基准平面】按钮□。从【类型】选项组的下拉列表框中选择"按某一距离"，在【平面参考】选项组中"选择平面对象（1）"，将【偏置】选项组中的【距离】设置为"28"，如图2-3-13所示。在【基准平面】对话框中单击【确定】按钮，从而完成凸台的基准平面（二）的创建。

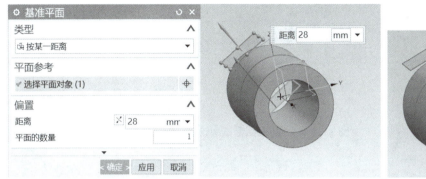
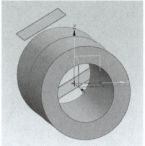

图2-3-13 凸台的基准平面（二）的创建

Step5 选中刚创建的基准平面，单击【在任务环境中创建草图】按钮🖫，在【创建草图】对话框中，将【草图类型】选项设置为"在平面上"，【草图平面】选项选择"刚创建的平面"。在【草图方向】选项组中，【参考】选项设置为"水平"，【指定矢量】方向为"YC轴"。在【草图原点】选项组中，选择"指定点"为坐标系原点，然后在【创建草图】对话框中单击【确定】按钮，如图2-3-14所示。

图2-3-14 凸台的草图创建

在草图中，绘制矩形凸台草图，并通过快速尺寸⌐标注其尺寸大小和位置，如图2-3-15所示。

在【曲线】工具栏中，单击【角焊】按钮┐，如图2-3-16所示。

选中刚创建的凸台草图，在【特征】工具栏中单击【拉伸】按钮🗔，打开【拉伸】对话框。在【方向】选项中设置【指定矢量】指向圆心，在【限制】选项组中，设置【开始】的【距离】为"0"，【结束】设置为"直至下一个"，【布尔】选项选择"合并"，然后在【拉伸】对话框中单击【确定】按钮，从而完成凸台的创建，如图2-3-17所示。

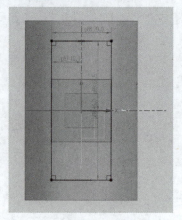

图 2-3-15　矩形凸台草图绘制

图 2-3-16　矩形凸台草图绘制 2

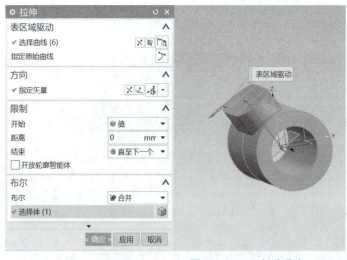

图 2-3-17　创建凸台

Step6 在【特征】工具栏中单击【基准平面】按钮 。从【类型】选项组的下拉列表框中选择"按某一距离"，【平面参考】选项选择"XY 平面"，设置【偏置】选项组中的【距离】为"37"，如图 2-3-18 所示。在【基准平面】对话框中单击【确定】按钮，从而完成底板基准平面的创建。

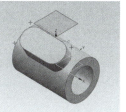

图 2-3-18 创建底板基准平面

选中刚创建的基准平面，单击【在任务环境中创建草图】按钮⊞，在【创建草图】对话框中，将【草图类型】选项设置为"在平面上"，【草图平面】选项选择刚创建的平面。在【草图方向】选项组中，【参考】选项设置为"水平"，【指定矢量】方向为"YC 轴"。在【草图原点】选项组中，选择【指定点】为坐标系原点，然后在【创建草图】对话框中单击【确定】按钮，如图 2-3-19 所示。

图 2-3-19 底板的草图创建

在草图中，绘制底板草图，并通过快速尺寸標注其尺寸大小和位置，如图 2-3-20 所示。

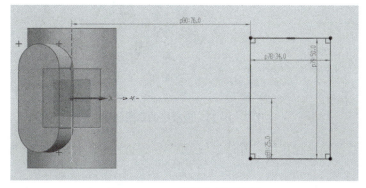

图 2-3-20 底板的草图绘制

单击【完成草图】按钮，并选中部件导航器中刚创建的草图。在【特征】工具栏中单击【拉伸】按钮，打开【拉伸】对话框。在【方向】选项组中，设置【方向】为"竖直向下"，在【限制】选项组中，设置【开始】的【距离】为"0"，【结束】的【距离】为"5"。在【布尔】选项中选择"无"。在【拉伸】对话框中单击【确定】按钮，创建的底板实体特征如图 2-3-21 所示。

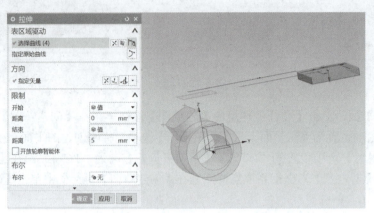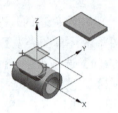

图 2-3-21　创建的底板实体特征

Step7 单击【在任务环境中创建草图】按钮，在【创建草图】对话框中，将【草图类型】选项设置为"在平面上"，【草图平面】选项选择刚创建的平面。在【草图方向】选项组中，将【参考】选项设置为"水平"，【指定矢量】方向为"YC轴"。在【草图原点】选项组中，选择"指定点"为坐标系原点，然后在【创建草图】对话框中单击【确定】按钮，如图 2-3-22 所示。

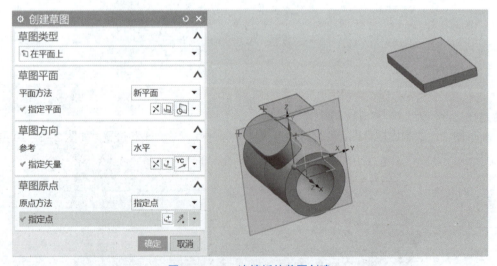

图 2-3-22　连接板的草图创建

在草图中，绘制连接板草图，并通过快速尺寸标注其尺寸大小和位置，如图 2-3-23 所示。

单击【完成草图】按钮，并选中部件导航器中的刚创建的草图，如图 2-3-24 所示。

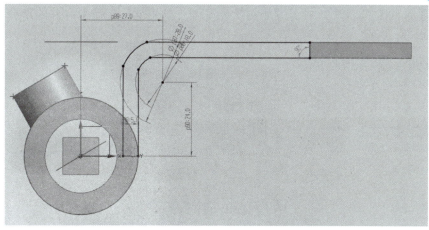

图 2-3-23 连接板的草图绘制

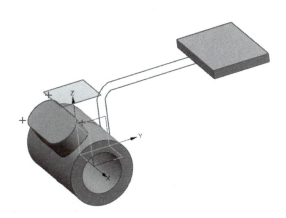

图 2-3-24 生成连接板草图

在【特征】工具栏中单击【拉伸】按钮，打开【拉伸】对话框。在【方向】选项组中，设置方向为"XC 轴"，在【限制】选项组中，设置【结束】为"对称值"，设置【距离】为连接板厚度的一半，即"19"。在【布尔】选项选择"合并"，选择合并对象为"圆筒"。在【拉伸】对话框中单击【确定】按钮。创建的连接板实体特征如图 2-3-25 所示。

图 2-3-25 创建的连接板实体特征

单击【合并】按钮 ，打开【合并】对话框，【目标】选择刚合并的部分，【工具】选择"底板"，形成一个实体，如图 2-3-26 所示。

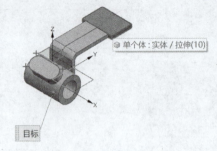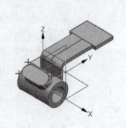

图 2-3-26　合并创建实体

Step8 单击【在任务环境中创建草图】按钮 ，在【创建草图】对话框中，将【草图类型】选项设置为【在平面上】，【草图平面】选项选择刚创建的平面。在【草图方向】选项组中，将【参考】选项设置为"水平"，【指定矢量】方向为"YC 轴"。在【草图原点】选项组中，选择【指定点】为坐标系原点，然后在【创建草图】对话框中单击【确定】按钮，如图 2-3-27 所示。

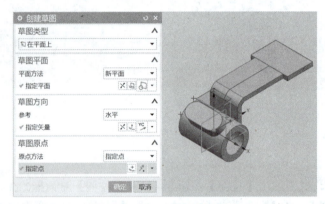

图 2-3-27　肋板的草图创建

在草图中，绘制肋板草图，并通过快速尺寸 标注其尺寸大小和位置，如图 2-3-28 所示。单击【完成草图】按钮 ，并选中部件导航器中的刚创建的草图。

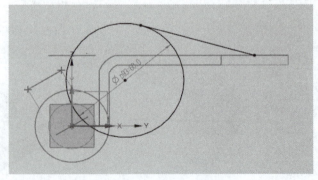

图 2-3-28　肋板的草图绘制

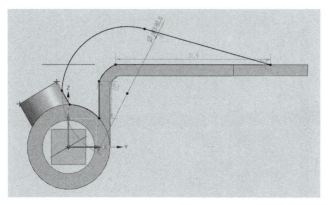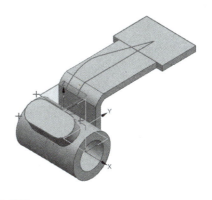

图 2-3-28　肋板的草图绘制（续）

在【特征】工具栏中单击【拉伸】按钮，打开【拉伸】对话框。在【方向】选项组中，设置方向为"XC 轴"。在【限制】选项组中，设置【结束】为"对称值"，设置【距离】为肋板厚度的一半，即"5"。【布尔】选项选择"合并"。在【拉伸】对话框中单击【确定】按钮。创建的肋板实体特征如图 2-3-29 所示。

图 2-3-29　创建的肋板实体特征

Step9　在【特征】工具栏中单击【孔】按钮，打开【孔】对话框。在【孔】对话框中，从【类型】下拉列表框中选择"螺纹孔"。从【位置】的【指定点】选择圆弧凸台表面两圆弧的圆心，从【孔方向】下拉列表框中选择"垂直于面"。接着在【形状和尺寸】选项组的下拉列表框中将【螺纹尺寸】的【大小】设置为"M10×1.5"，【深度类型】选择"全长"，【深度限制】选择"贯通体"。【布尔】选项选择"减去"。图 2-3-30 所示为【孔】特征对话框。

在【孔】对话框中单击【确定】按钮，创建的螺纹孔实体特征如图 2-3-31 所示。

Step10　在【特征】工具栏中单击【孔】按钮，打开【孔】对话框。在【孔】对话框中，从【类型】下拉列表框中选择"常规孔"，从【孔方向】下拉列表框中选择"垂直于面"。接着在【形状和尺寸】选项组的【深度限制】下拉列表框中选择"贯通体"，将【直径】设置为"7"。图 2-3-32 所示为【孔】特征对话框。

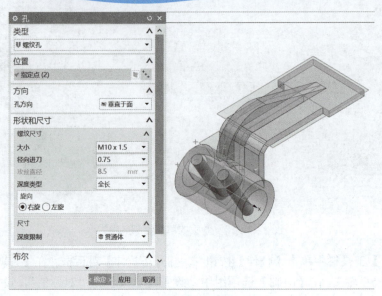

图 2-3-30 【孔】特征对话框

图 2-3-31 创建的螺纹孔实体特征

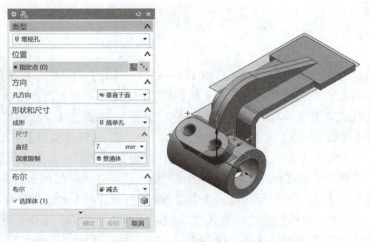

图 2-3-32 【孔】特征对话框

在【位置】选项组中单击【绘制截面】按钮，打开【创建草图】对话框。设置【草图类型】为"在平面上"，【草图平面】选项选择"底板上表面"。在【草图方向】选项组中，将【参考】选项设置为"水平"，【指定矢量】方向为"YC轴"。在【草图原点】选项组中，选择【指定点】为坐标系原点。图2-3-33所示为【创建草图】对话框。然后单击【确定】按钮，此时进入草图绘制模式，并且系统弹出【点】对话框。

图 2-3-33　【创建草图】对话框

在【点】对话框中，利用点命令和尺寸约束，确定常规孔的位置，如图2-3-34所示，单击【确定】按钮，完成点位置的设置。然后单击【完成草图】按钮，最后单击【确定】按钮，生成常规孔，如图2-3-35所示。

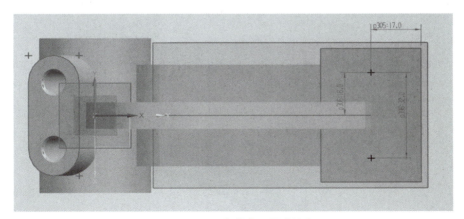

图 2-3-34　点命令和尺寸约束

Step11 在【特征】工具栏中单击【基准平面】按钮。从【类型】选项组的下拉列表框中选择"YC-ZC平面"。在【偏置和参考】选项组中选择"WCS"单选按钮，将【距离】设置为"16"。在【基准平面】对话框中单击【确定】按钮，从而创建一个新基准平面，如图2-3-36所示。

在【特征】工具栏中单击【回转】按钮，打开【回转】对话框。在【回转】对话框的

【截面】选项组中单击【绘制截面】按钮，打开【创建草图】对话框。将【草图类型】选项设置为"在平面上"，【草图平面】选项选择刚创建的平面。在【草图方向】选项组中，将【参考】选项设置为"水平"。在【草图原点】选项组中，选择"指定点"为坐标系原点，然后在【创建草图】对话框中单击【确定】按钮，如图 2-3-37 所示。

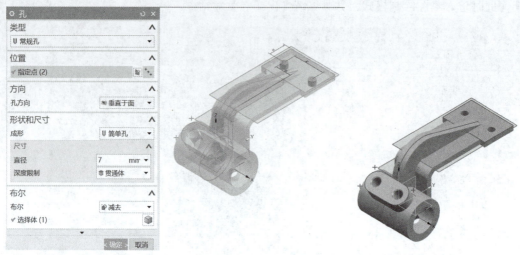

图 2-3-35　生成常规孔

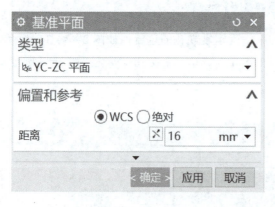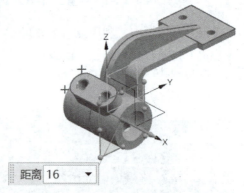

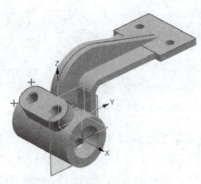

图 2-3-36　创建基准平面

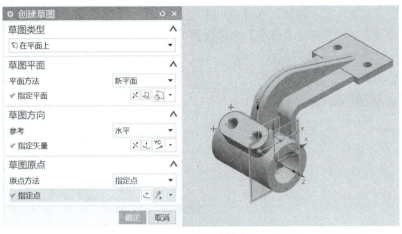

图 2 – 3 – 37　创建基准平面

单击【渲染样式】下拉菜单，切换实体为【静态线框】，如图 2 – 3 – 38 所示。默认选中【直线】✏绘图工具，绘制如图 2 – 3 – 39 所示的闭合图形。绘制并标注好图形后，切换回带着色边实体，单击【完成草图】按钮。

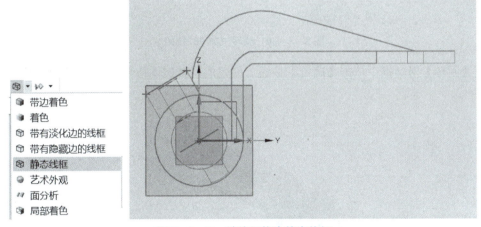

图 2 – 3 – 38　渲染切换为静态线框

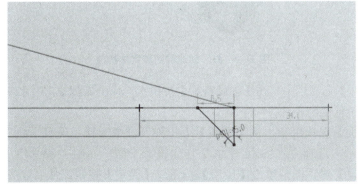

图 2 – 3 – 39　绘制 90°草图

选择常规孔轴线为指定矢量。在【限制】选项组中，设置【开始】的【角度】为 "0"、【结束】的【角度】为 "360"。【布尔】选项设置为【减去】，其他【偏置】和【设置】选项接受默认值，如图 2-3-40 所示。

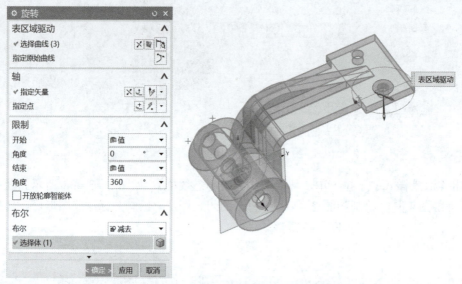

图 2-3-40　旋转生成 90°倒角

在【回转】对话框中单击【确定】按钮，创建的回转实体特征如图 2-3-41 所示。

图 2-3-41　创建的回转实体特征

在【特征操作】工具栏中单击【镜像特征】按钮 ，弹出如图 2-3-42 所示【镜像特征】对话框，选择要镜像的特征。

在【镜像平面】选项组中，从【平面】下拉列表框中选择 "现有平面"，接着在平面按钮处于活动状态下，选择 "YC-ZC 平面" 作为镜像平面，如图 2-3-43 所示。

在【镜像特征】对话框中单击【应用】按钮或【确定】按钮，从而完成镜像特征操作，如图 2-3-44 所示。

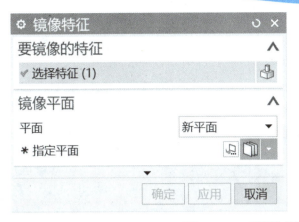

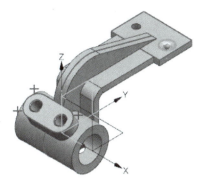

图 2-3-42 【镜像特征】对话框

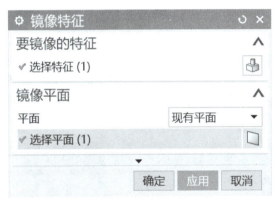

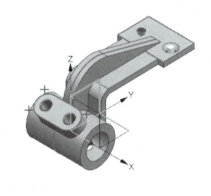

图 2-3-43 选择镜像平面

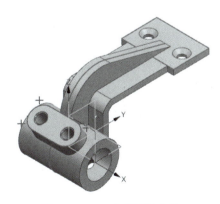

图 2-3-44 生成镜像实体

在【特征操作】工具栏中单击【倒斜角】按钮，打开【倒斜角】对话框。在【偏置】选项组的【横截面】下拉列表框中选择"对称"选项，设置【距离】为"1"。在【设置】选项组中设置【偏置法】为"沿面偏置边"，选择要倒角的边，如图 2-3-45 所示。

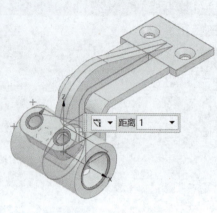

图 2-3-45　设置倒斜角的偏置参数等

在【倒斜角】对话框中单击【确定】按钮。完成倒斜角细节特征设计的模型效果如图 2-3-46 所示。

图 2-3-46　完成倒斜角细节特征设计的模型效果

Step12 在【特征操作】工具栏中单击【边倒圆】按钮 🔲，打开【边倒圆】对话框。设置【半径 1】为"3"，选择要倒圆的边，如图 2-3-47 所示。

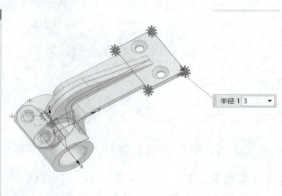

图 2-3-47　边倒圆

单击【边倒圆】对话框中的【确定】按钮，并隐藏草图轮廓、基准平面、坐标系，生成悬空架实体，如图 2－3－48 所示。

图 2－3－48　生成"悬空架"实体

Step13 单击【保存】按钮 将该模型文件保存。

任务总结

至此，悬空架已创建完毕。此任务属于基准特征辅助的拉伸建模。在任务实施中，添加了简单孔和螺纹孔的创建方法，学习者可以按照基本的操作流程，拓展其他类型产品的设计与建模。

知识拓展

一、求差

求差是指从一个实体的体积中减去另一个实体与之相交的体积。如图 2－3－49 所示，从长方体的体积中减去圆柱体与之相交的部分。

求差运算的典型方法和步骤如下。

（1）在【特征操作】工具栏中单击【求差】按钮 ，或者从菜单栏中选择【插入】|【组合体】|【求差】命令，弹出如图 2－3－50 所示的【求差】对话框。

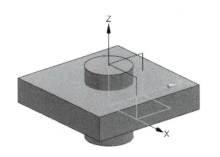
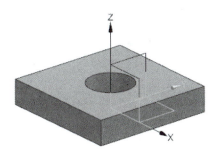

图 2－3－49　求差运算示例

图 2-3-50 【求差】对话框

（2）选择目标体。

（3）选择刀具体（工具体）。

（4）在【设置】选项组中，根据设计要求决定是否选中【保存目标】复选框和【保存工具】复选框，并可以设置【公差】的值。如果选中【保存目标】复选框，则完成该布尔运算后目标体还保留；同样，如果选中【保存工具】复选框，则完成该布尔运算后工具体还保留。

（5）单击【确定】按钮或【应用】按钮，完成求差操作。

二、相交

相交是指创建一个体，它包含两个不同体共享的体积。相交运算的典型操作示例如图 2-3-51 所示。

相交运算的一般方法和步骤如下。

（1）在【特征操作】工具栏中单击【相交】按钮 ，或者从菜单栏中选择【插入】|【组合体】|【相交】命令，弹出如图 2-3-52 所示的【相交】对话框。

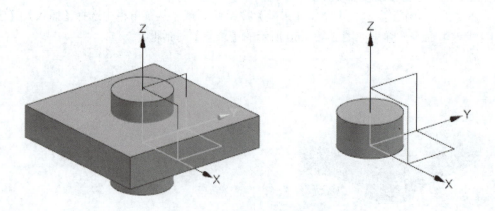

图 2-3-51　相交运算的典型操作示例

图 2-3-52 【相交】对话框

（2）选择目标体。

（3）选择刀具体（工具体）。

（4）在【设置】选项组中，根据设计要求决定是否选中【保存目标】复选框和【保存工具】复选框，并可以设置【公差】的值。

（5）单击【确定】按钮或【应用】按钮，完成相交操作。

拓展任务

（1）请结合任务 1～3 所学的辅助建模方法，完成如图 2-3-53 所示曲柄的建模。

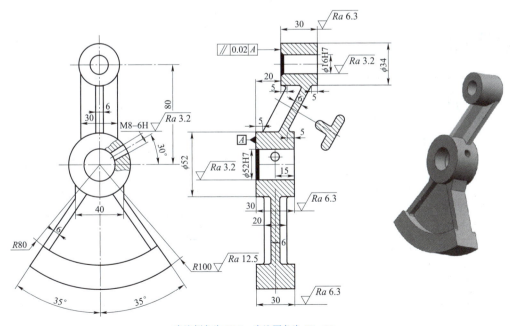

未注倒角为 C1.5；未注圆角为 R2-R4。

图 2-3-53 曲柄

（2）请结合任务 1～3 所学的辅助建模方法，完成如图 2－3－54 所示异形架的建模。

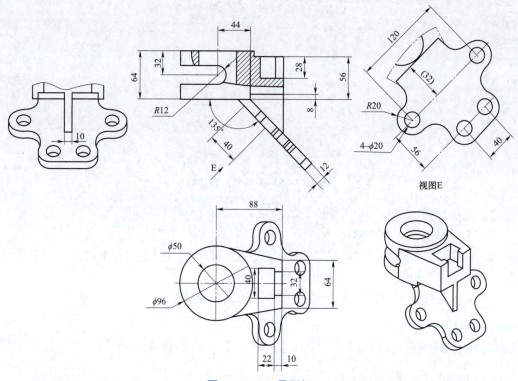

视图E

图 2－3－54　异形架

项目评价

评价内容					学生 姓名				评价 日期			
评价项目	学生自评				生生互评				教师评价			
	优	良	中	差	优	良	中	差	优	良	中	差
课堂表现												
回答问题												
作业态度												
知识掌握												
综合评价			寄语									

项目三
灯笼设计

灯笼

灯笼对于中国人来说并不陌生，它是我国年俗文化的重要组成部分，其本身具有着深厚的中国传统文化内涵。无论是旧时还是现在，灯笼不但烘托出节日的喜庆氛围，还给予人们更多祈福的灵感，寄托了人们对健康、平安、长寿的美好期盼。

当旋转类的实体或者沿轨迹线变化的实体出现时，通常需要用到旋转或者扫掠的方式进行建模。本项目以灯笼产品设计为依托，让学生不仅能够学习到旋转、螺纹、扫掠特征的建模技巧，阵列特征等的编辑方式，也能够深入了解灯笼所蕴含的中华民族特有的丰富的文化底蕴。红灯笼俨然成了中国文化的符号，寓意中华儿女薪火相传。

项 目 工 作 场 景

此项目为某灯饰有限公司承接的项目。该项目涉及灯笼的外观设计，需要设计部门组织人员完成此项任务。

方 案 设 计

设计人员依据产品要求，按照灯笼本体建模、灯笼穗建模两个工序进行灯笼的设计。

相 关 知 识 和 技 能

● 掌握旋转、螺纹、扫掠命令的基本操作流程，能够进行阵列、镜像等编辑命令的基本操作。

● 培养学生能够根据产品模型的形状特征，综合灵活运用各类建模命令进行实体创建的设计能力。

任务 1　灯笼本体建模

任务目标

（1）掌握旋转、螺纹的建模方法。
（2）熟悉阵列特征等的创建方法。

任务分析

设计零件的过程，就是利用 UG NX 的各种特征逐步实现设计要求的过程。零件建模应遵循建模的基本原则，如确定和建立初始的基准、进行特征的预规划、定义好建模的环境等。在设计过程中，先添加增加材料的特征，后添加去除材料的特征。因此，学会对零件结构的分析至关重要。如果碰到复杂零件的建模，要学会对模型的分解。本任务主要完成旋转特征的创建步骤，以及阵列特征的辅助建模，最后用抽壳完成本体的建模。以灯笼实体建模的过程引导学生初步掌握旋转的创建方法，以及阵列特征等编辑命令的相关操作，为项目的实施打下基础。

知识准备

一、旋转

旋转  是将截面曲线绕一直线轴旋转一定的角度扫描生成实体或者片体特征。创建步骤与拉伸特征的操作步骤相似。单击【旋转】命令按钮，或者选择菜单栏中【插入】|【设计特征】|【旋转】命令，弹出【旋转】对话框，如图3-1-1所示。

图3-1-1 【旋转】对话框

（一）截面

截面可以包含曲线或边的一个或多个开放或封闭集合，如图3-1-2所示。

图3-1-2 截面

【曲线】：用于选择曲线、边、草图或面来定义截面。

【绘制截面】：打开草图任务环境，用于绘制特征内部截面的草图。退出草图任务环境时，草图被自动选作要旋转的截面。

【反向】：根据方向箭头所指示的，在截面线串中反转第一条曲线的方向。如果未指定偏置，则该反向选项将对旋转基本上没有什么影响；但是如果已指定偏置，该选项将控制偏置方向，该方向将指向内或外。

【指定原始曲线】 >：无论选定曲线的顺序如何，可在旋转截面指定截面线串中的任何一条选定曲线为第一条曲线。每个截面线串的第一条曲线的位置和方向由方向矢量标记。

（二）轴

用于选择并定位旋转轴，旋转体与旋转轴关联，转轴不得与截面曲线相交，但是可以和一条边重合，如图3-1-3所示。

图3-1-3　轴

【指定矢量】 ：用于选择曲线或边，或使用矢量构造器或矢量列表来定义矢量。

【反向】 ╳：反转轴与旋转的方向。

【指定点】 ：在以下两种情况下定位轴矢量，一是在矢量创建期间（例如，使用单元表面法向方法），软件不自动判断点；二是希望在非自动判断的点处定位矢量。

（三）限制

开始和结束限制表示旋转体的相对两端，绕旋转轴0°～360°，如图3-1-4所示。

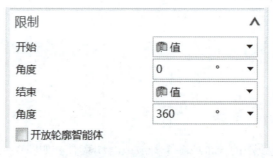

图3-1-4　限制

【开始】/【结束】：值，用于指定旋转角度的值，直至选定对象。用于指定作为旋转的开始或结束位置的面、实体、片体或相对基准平面。

【角度】：在开始或结束限制设置为值时显示。指定旋转的开始角度或结束角度（以度计），正值或负值均有效。输入的开始角度值大于结束角度值时，会导致系统按负方向旋转。

【开放轮廓智能体】：沿着开口端点延伸开放轮廓几何体以找到目标体的闭口。

（四）布尔

使用布尔选项可指定旋转特征与所接触体的交互方式，如图3-1-5所示。

图 3-1-5　布尔

"无"：创建独立的旋转实体。

"合并"：将两个或多个体的旋转体组合为单个体。

"减去"：从目标体移除旋转体。

"相交"：创建一个体，这个体包含旋转与其相交的现有体共享的空间体。

> **【小提醒】**
> ➢ 布尔操作也可以通过右键单击预览来选择布尔选项。
> ➢ 除【无】外的所有选项均可在存在目标体上留下空白空间。

（五）偏置

将偏置添加到截面的一侧或两侧时，可使用此选项创建实体，如图 3-1-6 所示。

图 3-1-6　偏置

"无"：不将偏置添加到旋转截面。

"两侧"：将偏置添加到旋转截面的一侧或两侧。

二、螺纹

螺纹特征主要用于在圆柱体、孔和凸台或者是扫描体的表面上创建。选择【插入】|【设计特征】|【螺纹】命令，弹出【螺纹】对话框，如图 3-1-7 所示。

（一）螺纹类型

符号螺纹：用虚线的圆象征性表示的螺纹，不显示螺纹的实体，如图 3-1-8（a）所示。该种形式的螺纹建模速度快、计算量小且节省内存，可用于工程图各种标准的螺纹的简易画法标注，一般情况下推荐采用该种方法。

详细螺纹：一种真实形状的螺纹建模，如图 3-1-8（b）所示。该种形式的螺纹几何形状及显示呈现复杂性、计算量大、创建以及更新的速度较慢。一般情况下不建议采用详细螺纹。

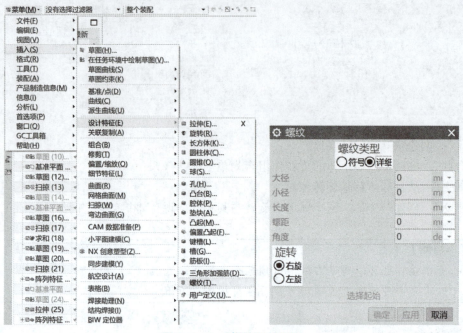

图 3-1-7 【螺纹】对话框

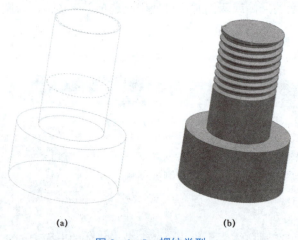

(a)   (b)

图 3-1-8 螺纹类型

(a) 符号螺纹；(b) 详细螺纹

(二) 螺纹参数

【大径】【小径】：用于设置螺纹的大径与小径。默认值是根据所选的圆柱面直径和内外螺纹的形状，查螺纹参数表得到。对于符号螺纹，当取消选中"手工输入"复选框时，大径的值不允许修改；对于详细螺纹，外螺纹大径值不可修改。

【螺距】：用于设置螺距。默认值是根据所选的圆柱面直径和内外螺纹的形状，查螺纹参数表得到。

【角度】：用于设置螺纹的牙型角，默认值为60°。

【选择起始】：用于指定螺纹的起始位置，可以选择平面或者基准面。

三、阵列特征

阵列特征是以已有特征为依据，采用指针方式定义阵列边界、实例方向、旋转和变化来创建特征（线性、圆形、多边形等）阵列。单击【阵列特征】按钮或者选择【插入】|【关联复制】|【阵列特征】命令，弹出【阵列特征】对话框，如图3-1-9所示。

图3-1-9　【阵列特征】对话框

（一）要形成阵列的特征

【选择特征】：用于选择一个或多个要形成阵列的特征，如图3-1-10所示。

图3-1-10　要形成阵列的特征

（二）参考点

【指定点】：用于为输入特征指定位置参考点，如图3-1-11所示。

图 3−1−11　参考点

（三）阵列定义

【布局】：用于设置阵列布局，布局类型如图 3−1−12 所示。

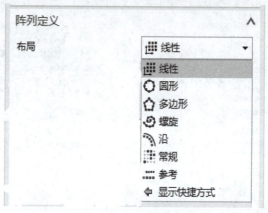

图 3−1−12　布局类型

"线性"：使用一个或两个方向定义布局。

"圆形"：使用旋转轴和可选径向间距参数定义布局。

"多边形"：使用正多边形和可选径向间距参数定义布局。

"螺旋"：使用螺旋路径定义布局。

"沿"：定义一个跟随连续曲线链和（可选）第二条曲线链或矢量的布局。

"常规"：使用由一个或多个目标点或坐标系定义的位置来定义布局。

"参考"：使用现有阵列定义布局。

（四）设置

【输出】：确定在进行阵列操作期间创建的对象类型，有阵列特征、复制特征和特征复制到特征组中 3 种，如图 3−1−13 所示。

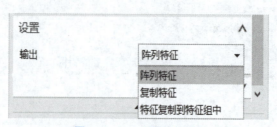

图 3−1−13　设置对话框

视频6 灯笼
本体建模

任务实施

下面以灯笼任务实例来说明旋转特征的构建过程和阵列的编辑方法。

操作步骤如下。

Step1 启动 NX 12.0 软件。

Step2 在主菜单中选择【文件】|【新建】命令，系统弹出【新建】对话框，单击【确认】按钮，进入 UG NX 建模环境。

Step3 在主菜单工具栏中选择【插入】|【设计特征】|【旋转】命令，系统弹出【旋转】对话框，选择"YOZ平面"作为绘制平面绘制曲线，尺寸不做要求，鼓励创新设计，如图 3-1-14 所示。

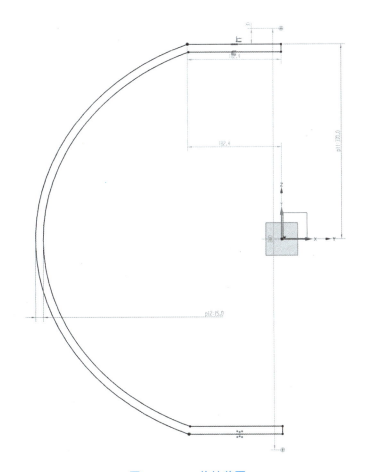

图 3-1-14 旋转草图

完成草绘，在【旋转】对话框中设置【结束】的【角度】为"30"，如图 3-1-15 所示。

Step4 在主菜单工具栏中选择【插入】|【细节特征】|【边倒圆】命令，系统弹出【边倒圆】对话框，选择图中所示棱边，设置【半径1】为"12"，如图 3-1-16 所示。

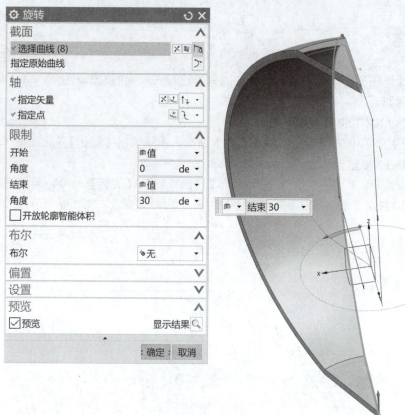

图 3－1－15　旋转

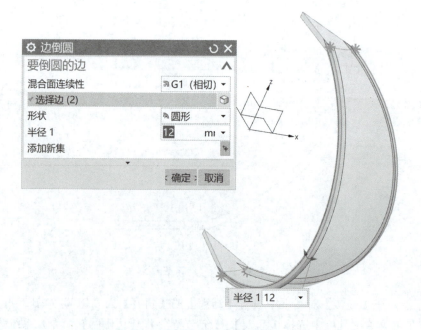

图 3－1－16　边倒圆

Step5 在主菜单工具栏中选择【插入】|【关联复制】|【阵列特征】命令，弹出【阵列特征】对话框，设置【布局】为"圆形"，采用"数量和节距"的间距方式，设置【数量】为"12"，【节距角】为"30"，如图3-1-17所示。

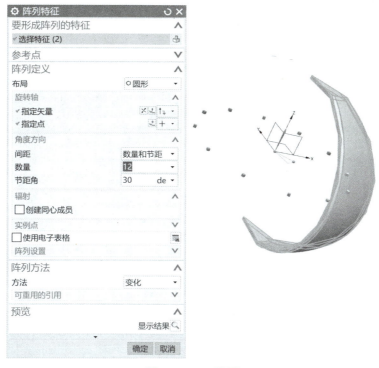

图3-1-17　阵列

Step6 在主菜单工具栏中选择【插入】|【设计特征】|【拉伸】命令，系统弹出【拉伸】对话框，选择阵列后的顶面作为绘制平面，绘制曲线，如图3-1-18所示。

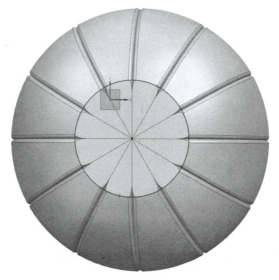

图3-1-18　拉伸草图

完成草绘，在【拉伸】对话框中设置【结束】的【距离】为"100"，如图3-1-19所示。

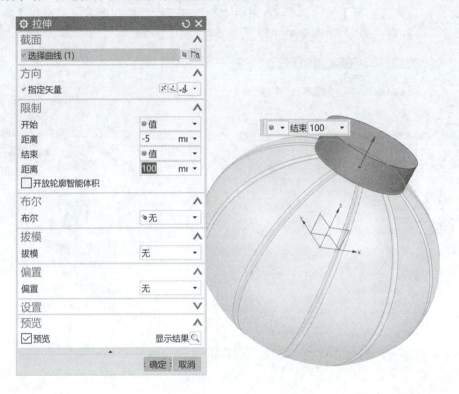

图 3-1-19　拉伸

Step7 在主菜单工具栏中选择【插入】|【组合】|【合并】命令，系统弹出【合并】对话框，选择 Step5 阵列后的特征，以及 Step6 的拉伸特征，进行求和，如图 3-1-20 所示。

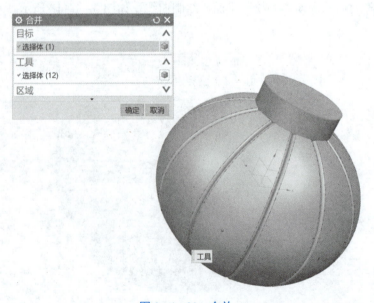

图 3-1-20　合并

Step8 在主菜单工具栏中选择【插入】|【设计特征】|【拉伸】命令，系统弹出【拉伸】对话框，选择阵列后的顶面作为绘制平面，继续绘制曲线，如图3-1-21所示。

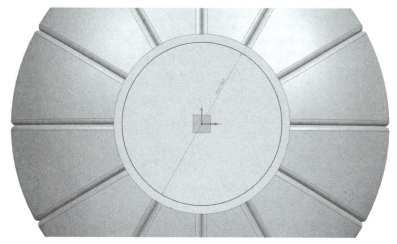

图3-1-21　拉伸草图

完成草绘，在【拉伸】对话框中设置【结束】的【距离】为"150"，注意求差，如图3-1-22所示。

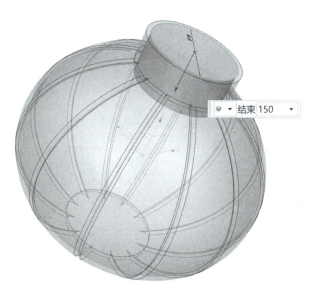

图3-1-22　拉伸

Step9 在主菜单工具栏中选择【插入】|【设计特征】|【拉伸】命令，系统弹出【拉伸】对话框，选择阵列后的底面作为绘制平面，绘制曲线，如图 3-1-23 所示。

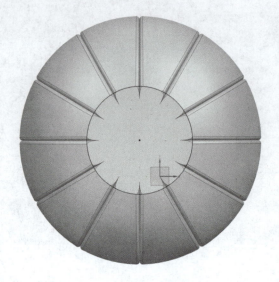

图 3-1-23 拉伸草图

完成草绘，在【拉伸】对话框中设置【开始】的【距离】为"-5"，【结束】的【距离】为"90"，注意求和，如图 3-1-24 所示。

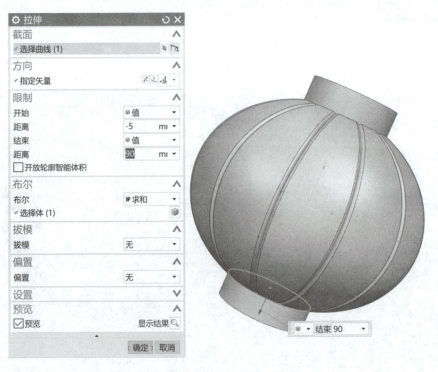

图 3-1-24 拉伸

Step10 在主菜单工具栏中选择【插入】|【设计特征】|【拉伸】命令，系统弹出【拉伸】对话框，选择阵列后的底面作为绘制平面,绘制曲线,尺寸同 Step8 的尺寸即可,如图 3-1-25 所示。

图 3-1-25　拉伸草图

完成草绘,在【拉伸】对话框中设置【结束】的【距离】为"120",注意求差,如图 3-1-26 所示。

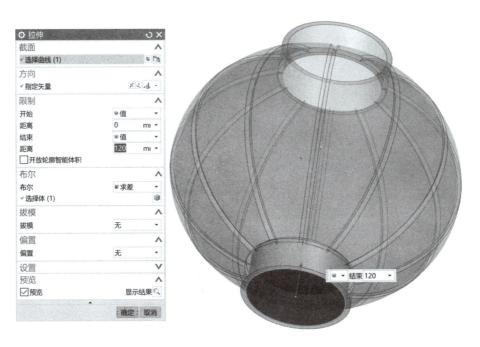

图 3-1-26　拉伸

Step11 在主菜单工具栏中选择【插入】|【设计特征】|【编辑螺纹】命令，系统弹出【编辑螺纹】对话框，设定相关的参数，如图 3-1-27 所示。

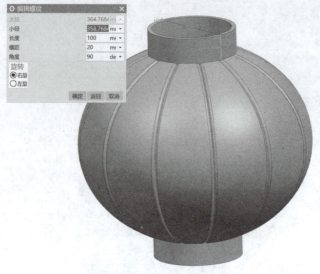

图 3-1-27　创建螺纹

任务总结

　　至此，运用旋转、螺纹、阵列等辅助创建灯笼本体的建模过程已经结束，如图 3-1-28 所示。此任务属于旋转、拉伸等建模手段的多样运用，且对于尺寸不做太多要求，希望借此设计能够激发出学习者更多的创新理念与创作火花。

图 3-1-28　灯笼本体

请依据旋转特征的创建方法，结合之前所学的建模方法，完成如图3-1-29所示传动轴的建模。

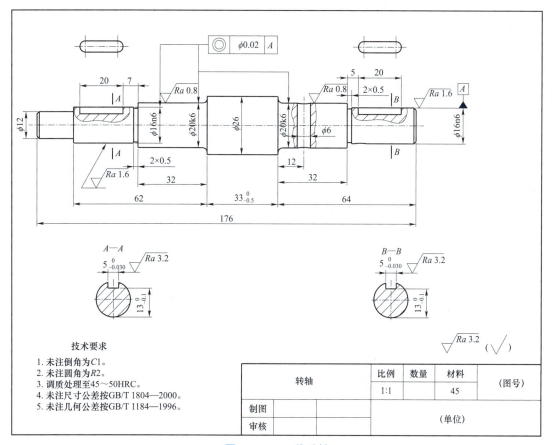

图3-1-29 传动轴

任务2 灯笼穗建模

任务目标

（1）掌握扫掠、沿引导线扫掠的建模方法。

（2）掌握镜像、阵列命令的基本操作。

（3）培养学生合作精神、观察能力和学以致用的能力。

任务分析

在上一个任务中，使用 NX 12.0 中旋转的建模方法来帮助学生建模。在接下来的任务中，将继续学习使用扫掠的方法来帮助学生建模。另外，本任务在原有特征的基础上，可以对相关特征进行镜像、阵列等操作，从而获得所需的模型效果。

知识准备

一、扫掠

扫掠是通过将曲线轮廓沿 1 条、2 条或 3 条引导线串扫掠过空间中的一条路径，来创建实体或片体。选择菜单栏中【插入】|【扫掠】|【扫掠】命令，或者【曲面】工具条中的按钮 ，弹出【扫掠】对话框，如图 3-2-1 所示。

图 3-2-1 【扫掠】对话框

（一）截面

【截面】选项组主要用来设置或者选取截面曲线，如图 3-2-2 所示。

图 3-2-2 【截面】选项组

【选择曲线】：用于选择多达 150 条截面线串。

【指定原始曲线】：用于更改环中的原始曲线。

【添加新集】：将当前选择添加到截面组的列表框中，并创建新的空截面，还可以在选择截面时，通过单击鼠标中键来添加新集。

（二）引导线

【引导线】选项组主要用来选择截面的路径，最多有 3 条引导线，如图 3-2-3 所示。

图 3-2-3 【引导线】选项组

【选择曲线】：用于选择多达 3 条线串来引导扫掠操作。

【指定原始曲线】：用于更改闭环中的原始曲线。

（三）脊线

【脊线】选项组可以设置截面线串的方位，并避免在导线上不均匀分布参数导致的变形，如图 3-2-4 所示。

图 3-2-4 【脊线】选项组

【选择曲线】：用于选择脊线。当脊线串处于截面线串的法向时，该线串状态最佳。

（四）截面选项

【截面选项】选项组用于设置沿引导线任何位置进行扫掠，如图3-2-5所示。

图3-2-5 【截面选项】选项组

【截面位置】：选择单个截面时可用。有【沿引导线任何位置】和【引导线末端】两个选项。沿引导线任何位置可以沿引导线在截面的两侧进行扫掠，如图3-2-6所示。引导线末端可以沿引导线从截面开始仅在一个方向进行扫掠，如图3-2-7所示。

图3-2-6 沿引导线任何位置

图3-2-7 引导线末端

【对齐】：可定义在定义曲线之间的等参数曲线的对齐。有【参数】【弧长】和【对齐点】3个选项。参数可以沿定义曲线将等参数曲线所通过的点以相等的参数间隔隔开；弧长可以沿定义曲线将等参数曲线要通过的点以相等的弧长间隔隔开；对齐点可以对齐不同形状的截面线串之间的点。

【方向】：在截面沿引导线移动时控制该截面的方位。有【固定】【面的法向】【矢量方向】【另一曲线】【一个点】【角度规律】和【强制方向】7个选项。

【固定】：可在截面线串沿引导线移动时保持固定的方位，且结果是平行的或平移的简单扫掠。

【面的法向】：可以将局部坐标系的第2根轴与一个或多个面（沿引导线的每一点指定公共基线）的法矢对齐。这样可以约束截面线串以保持和基本面或面的一致关系。

【矢量方向】：可以将局部坐标系的第2根轴与在引导线串长度上指定的矢量对齐。

【另一曲线】：通过连结引导线上相应的点和其他曲线（就好像在它们之间构造了直纹片体）获取的局部坐标系的第2根轴，来定向截面。

【一个点】：与另一曲线相似，不同之处在于获取第2根轴的方法是通过引导线串和点之间的三面直纹片体的等价物。

【角度规律】：用于通过规律子函数来定义方位的控制规律。

【强制方向】：用于在截面线串沿引导线串扫掠时通过矢量来固定剖切平面的方位。

【缩放】：在截面沿引导线进行扫掠时，可以增大或减小该截面的大小。在使用一条引导线时有【恒定】【倒圆功能】【另一曲线】【一个点】【面积规律】和【周长规律】6个选项。在使用两条引导线时有【均匀】【横向】和【另一曲线】3个选项。

【比例因子】：在缩放设置为恒定时可用，用于指定值以在扫掠截面线串之前缩放它。

（五）设置

【设置】选项组主要用于设置体类型等，如图3-2-8所示。

【体类型】选项用于为扫掠特征指定片体或实体，有实体和片体两个选项，要获取实体，截面线串必须形成闭环。

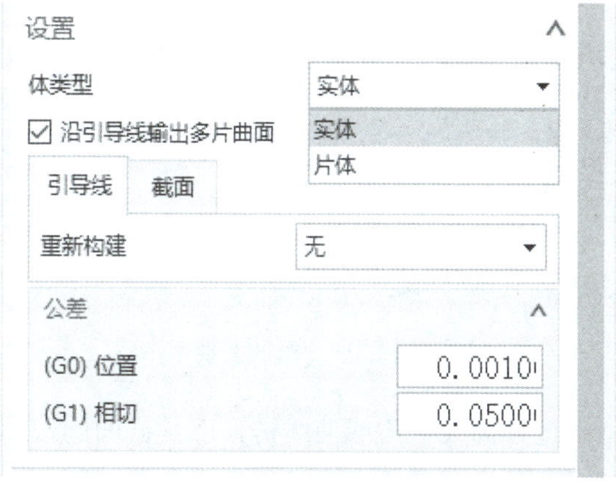

图3-2-8　【设置】选项组

二、沿引导线扫掠

沿引导线扫掠是通过沿着由一条或一系列曲线、边或面构成的引导线拉伸开放或封闭边界草图、曲线、边或面，创建单个体。选择菜单栏中【插入】|【扫掠】|【沿引导线扫掠】命令，或者单击【曲面】工具条中的【沿引导线扫掠】按钮，弹出【沿引导线扫掠】对话框，如图3-2-9所示。

99

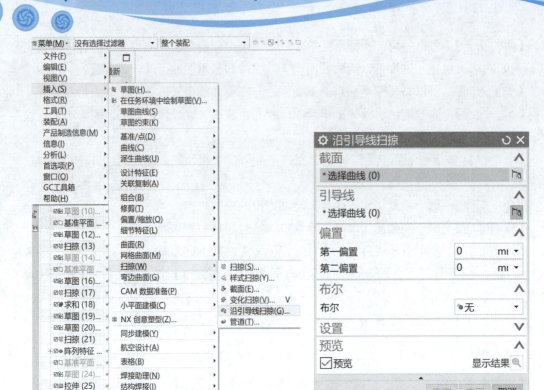

图 3-2-9 【沿引导线扫掠】对话框

（一）截面

【截面】选项组主要用来设定或者选取截面曲线，如图 3-2-10 所示。

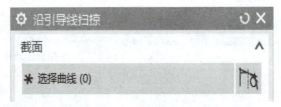

图 3-2-10 【截面】选项组

【选择曲线】：用于选择曲线、边或曲线链，或是截面的边。

（二）引导

【引导】选项组主要用来选择截面的引导路径，如图 3-2-11 所示。

图 3-2-11 【引导】选项组

【选择曲线】 ：用于选择曲线、边，或曲线链，或是引导线的边。引导线串中的所有曲线都必须是连续的。

（三）偏置

【偏置】选项组主要用来设置厚度或偏离距离，如图 3 - 2 - 12 所示。

图 3 - 2 - 12 【偏置】选项组

【第一偏置】：将扫掠特征偏置以增加厚度。
【第二偏置】：使扫掠特征的基础偏离于截面线串。

（四）布尔

【布尔】选项组用于该特征与其他实体的关系运算，如图 3 - 2 - 13 所示。

图 3 - 2 - 13 【布尔】选项组

【布尔】：指定布尔操作以用于将扫掠特征与目标实体结合使用。有【合并】【减去】和【相交】3 个选项。

任务实施

视频 7 灯笼
提手建模

下面继续以灯笼任务实例来说明扫掠特征的构建过程。我们先完成灯笼提手的创建。
操作步骤如下。

Step1 在主菜单工具栏中选择【插入】|【在任务环境中绘制草图】命令，系统弹出【创建草图】对话框，选择"YOZ 平面"作为绘制平面绘制曲线，尺寸不做要求，鼓励创新设计。图 3 - 2 - 14 所示为灯笼提手的扫掠轨迹草图。

Step2 在主菜单工具栏中选择【插入】|【基准/点】|【基准平面】命令，系统弹出【基准平面】对话框，选择 Step1 绘制的轨迹线的一个端点，创建基准平面，如图 3 - 2 - 15 所示。

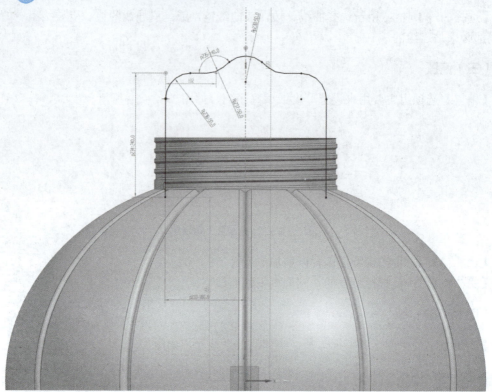

图 3-2-14　灯笼提手的扫掠轨迹草图

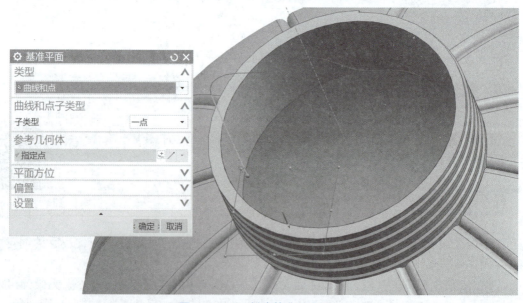

图 3-2-15　创建基准平面

Step3 在主菜单工具栏中选择【插入】|【在任务环境中绘制草图】命令，系统弹出【创建草图】对话框，选择 Step2 创建的基准平面作为绘制平面绘制曲线，尺寸不做要求，鼓励创新设计，如图 3-2-16 所示。

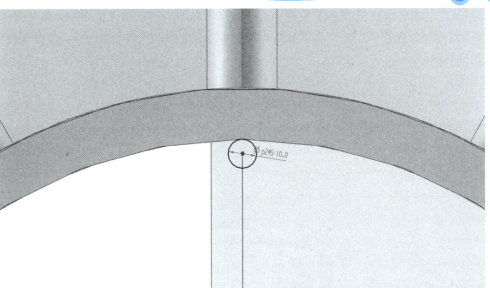

图 3 – 2 – 16　创建截面曲线

Step4 在主菜单工具栏中选择【插入】|【扫掠】|【扫掠】命令，系统弹出【扫掠】对话框，选择 Step1 和 Step3 绘制的曲线进行扫掠，如图 3 – 2 – 17 所示。

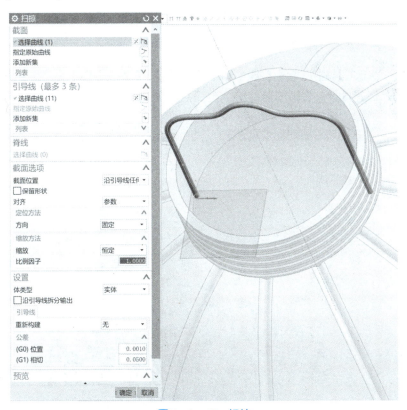

图 3 – 2 – 17　扫掠

Step5 在主菜单工具栏中选择【插入】|【在任务环境中绘制草图】命令，系统弹出【创建草图】对话框，选择"*YOZ* 平面"作为绘制平面绘制曲线，尺寸不做要求，鼓励创新设计，如图 3−2−18 所示。

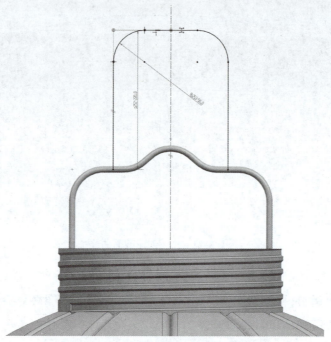

图 3−2−18　灯笼提手的扫掠轨迹草图

Step6 在主菜单工具栏中选择【插入】|【基准/点】|【基准平面】命令，系统弹出【基准平面】对话框，选择 Step5 绘制的曲线的一个端点，创建基准平面，如图 3−2−19 所示。

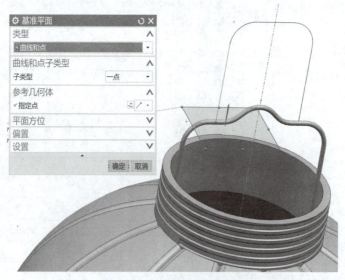

图 3−2−19　创建基准平面

Step7 在主菜单工具栏中选择【插入】|【在任务环境中绘制草图】命令，系统弹出【创建草图】对话框，选择 Step6 创建的基准平面作为绘制平面绘制曲线，尺寸不做要求，鼓励创新设计，如图 3－2－20 所示。

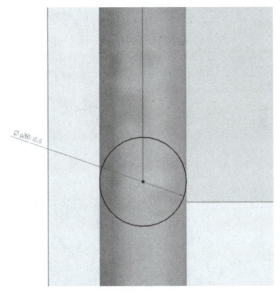

图 3－2－20　创建截面曲线

Step8 在主菜单工具栏中选择【插入】|【扫掠】|【扫掠】命令，系统弹出【扫掠】对话框，选择 Step5 和 Step7 绘制的曲线进行扫掠，如图 3－2－21 所示。

图 3－2－21　扫掠

Step9 在主菜单工具栏中选择【插入】|【组合】|【合并】命令，系统弹出【合并】对话框，选择 Step4 和 Step8 的扫掠，如图 3-2-22 所示。

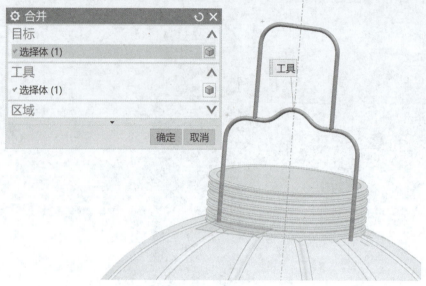

图 3-2-22　合并

Step10 在主菜单工具栏中选择【插入】|【在任务环境中绘制草图】命令，系统弹出【创建草图】对话框，选择 "YOZ 平面" 作为绘制平面绘制曲线，尺寸不做要求，鼓励创新设计，如图 3-2-23 所示。

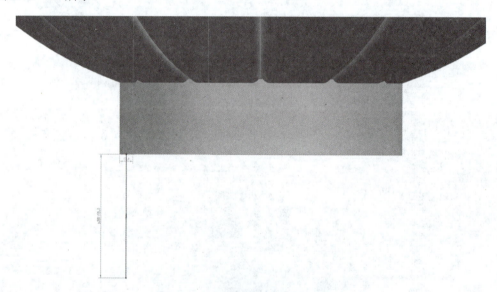

图 3-2-23　灯笼穗的扫掠轨迹草图

Step11 在主菜单工具栏中选择【插入】|【在任务环境中绘制草图】命令，系统弹出【创建草图】对话框，选择灯笼底面作为绘制平面绘制曲线，尺寸不做要求，鼓励创新设计，如图 3-2-24 所示。

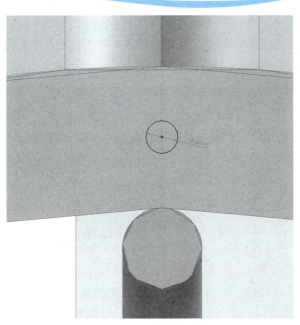

图 3 - 2 - 24 创建截面曲线

Step12 在主菜单工具栏中选择【插入】|【扫掠】|【扫掠】命令，系统弹出【扫掠】对话框，选择 Step10 和 Step11 绘制的曲线进行扫掠，如图 3 - 2 - 25 所示。

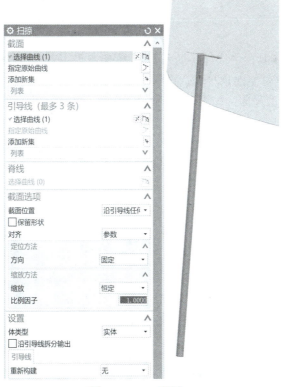

图 3 - 2 - 25 扫掠

Step13 在主菜单工具栏中选择【插入】|【关联复制】|【阵列特征】命令，系统弹出【阵列特征】对话框，选择 Step12 的扫掠，设置圆形阵列的【数量】和【节距角】，如图 3－2－26 所示。

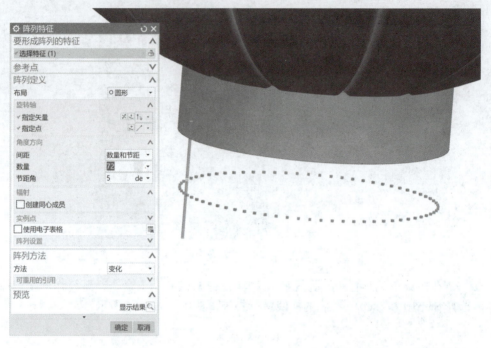

图 3－2－26　阵列

Step14 在主菜单工具栏中选择【插入】|【基准/点】|【基准平面】命令，系统弹出【基准平面】对话框，选择灯笼的顶平面，设置【类型】为"按某一距离"，设置【偏置】的【距离】为"90"，创建基准平面，如图 3－2－27 所示。

图 3－2－27　创建基准平面

Step15 在主菜单工具栏中选择【插入】|【设计特征】|【拉伸】命令，系统弹出【拉伸】对话框，选择 Step14 创建的基准平面作为绘制平面绘制曲线，尺寸不做要求，鼓励创新设计，如图 3-2-28 所示。

图 3-2-28　创建拉伸草图

完成草绘，在【拉伸】对话框中设置【结束】为"直至下一个"，注意求和，如图 3-2-29 所示。

图 3-2-29　拉伸

Step16 在主菜单工具栏中选择【插入】|【关联复制】|【阵列特征】命令，系统弹出【阵列特征】对话框，选择 Step15 的拉伸，设置圆形阵列的【数量】和【节距角】，如图 3-2-30 所示。

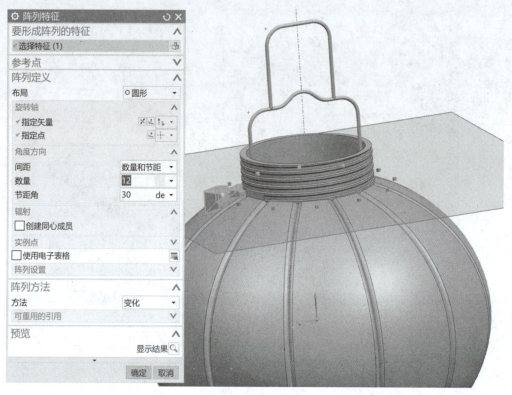

图 3-2-30　阵列

Step17 在主菜单工具栏中选择【插入】|【设计特征】|【旋转】命令，系统弹出【旋转】对话框，选择"*YOZ* 平面"作为绘制平面绘制曲线，尺寸不做要求，鼓励创新设计，如图 3-2-31 所示。

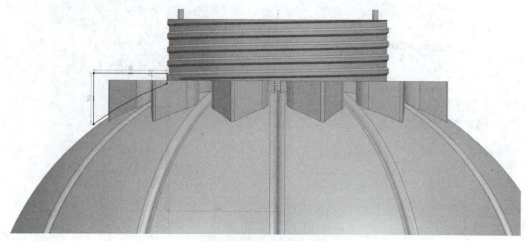

图 3-2-31　创建旋转草图

完成草绘，在【旋转】对话框中设置【结束】的【角度】为"360"，注意求差，如图3-2-32所示。

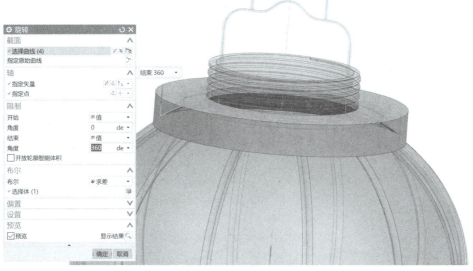

图3-2-32 旋转

Step18 在主菜单工具栏中选择【插入】|【关联复制】|【镜像特征】命令，系统弹出【镜像特征】对话框，选择Step15的拉伸作为要镜像的特征，选择"*XOY*平面"作为镜像平面，如图3-2-33所示。

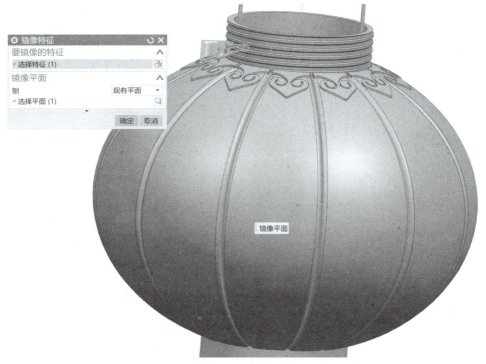

图3-2-33 镜像

<u>Step19</u> 在主菜单工具栏中选择【插入】|【关联复制】|【阵列特征】命令，系统弹出【阵列特征】对话框，选择 Step18 的镜像特征，设置圆形阵列的【数量】和【节距角】，如图 3-2-34 所示。

图 3-2-34　阵列

<u>Step20</u> 在主菜单工具栏中选择【插入】|【关联复制】|【镜像特征】命令，系统弹出【镜像特征】对话框，选择 Step17 的旋转作为要镜像的特征，选择"XOY 平面"作为镜像平面，如图 3-2-35 所示。

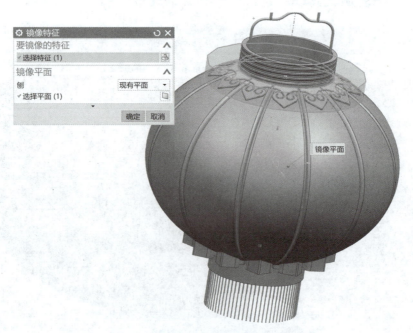

图 3-2-35　镜像

Step21 在主菜单工具栏中选择【插入】|【基准/点】|【基准平面】命令，系统弹出【基准平面】对话框，选择"*YOZ*平面"，设置【类型】为【按某一距离】，设置【偏置】的【距离】为"300"，创建基准平面，如图 3-2-36 所示。

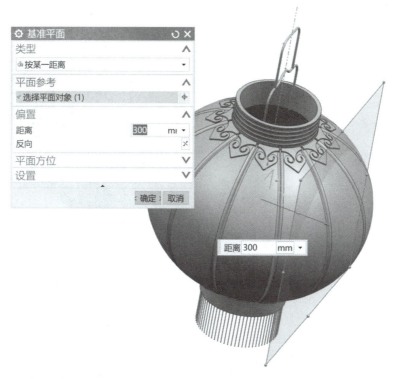

图 3-2-36　创建基准平面

Step22 在主菜单工具栏中选择【插入】|【在任务环境中绘制草图】命令，系统弹出【创建草图】对话框，选择灯笼底面作为绘制平面绘制曲线，尺寸不做要求，鼓励创新设计，如图 3-2-37 所示。

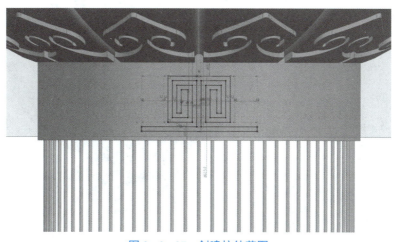

图 3-2-37　创建拉伸草图

Step23 在主菜单工具栏中选择【插入】|【设计特征】|【拉伸】命令，系统弹出【拉伸】对话框，选择 Step22 绘制的曲线，设置【结束】为"直至下一个"，注意求和，如图 3-2-38 所示。

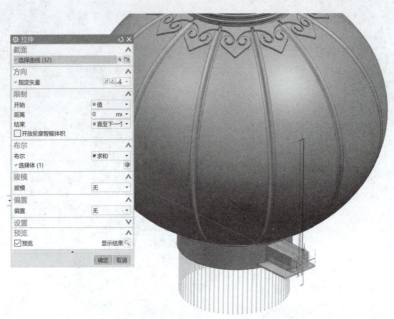

图 3-2-38　拉伸

Step24 在主菜单工具栏中选择【插入】|【关联复制】|【阵列特征】命令，系统弹出【阵列特征】对话框，选择 Step23 的拉伸，设置圆形阵列的【数量】和【节距角】，如图 3-2-39 所示。

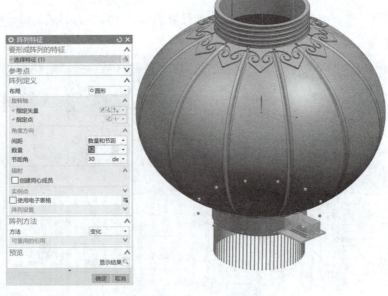

图 3-2-39　阵列

114

Step25 在主菜单工具栏中选择【插入】|【设计特征】|【拉伸】命令，系统弹出【拉伸】对话框，选择灯笼底面，绘制曲线，如图 3-2-40 所示。

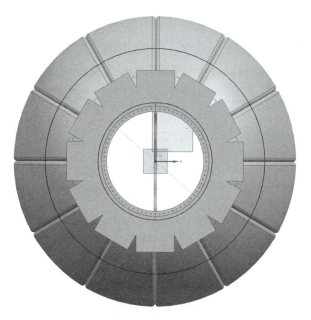

图 3-2-40　创建拉伸草图

完成草绘，在【拉伸】对话框中设置【结束】的【距离】为"80"，注意求差，如图 3-2-41 所示。

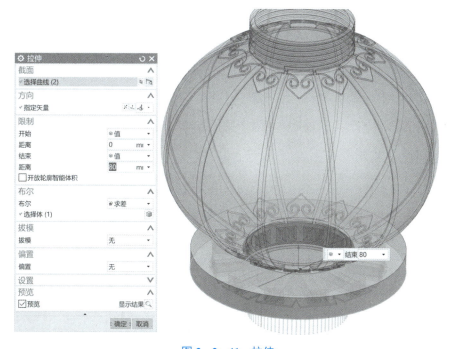

图 3-2-41　拉伸

任务总结

至此，运用扫掠、镜像、阵列等辅助创建灯笼提手和灯笼穗的建模过程已经结束。如图 3-2-42 所示。此任务属于旋转、拉伸、扫掠、镜像、阵列等建模手段的综合运用，同样对于尺寸不做太多要求，希望借此设计能够激发出学生更多的创新理念与创作火花。

图 3-2-42　灯笼

知识拓展

一、拔模

使用【拔模】命令 可通过更改相对于脱模方向的角度来修改面。

（一）类型

拔模类型分为 4 种。图 3-2-43 所示为拔模【类型】选项组。

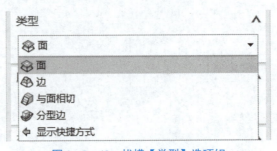

图 3-2-43　拔模【类型】选项组

"⬖面"：拔模相对于固定面、分型面或同时相对于这两个面，拔模操作对固定面处的体的横截面未进行任何更改，如图 3-2-44 所示。

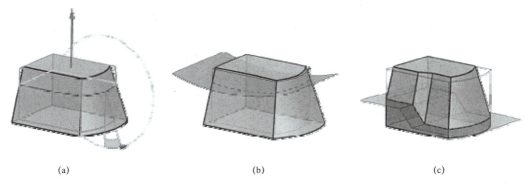

(a)   (b)   (c)

图 3-2-44　拔模

（a）由基准平面定义的拔模；（b）由曲面定义的拔模；（c）由多个曲面定义的拔模

"⬖边"：拔模来自固定边，当需要固定边不包含在垂直于方向矢量的平面中时，此选项很有用，如图 3-2-45 所示。

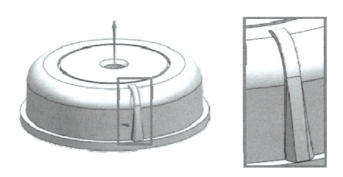

图 3-2-45　从固定边拔模

"⬖与面相切"：拔模与面相切，此选项用于在塑模部件或铸件中补偿可能的模锁，如图 3-2-46 所示。

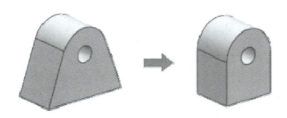

图 3-2-46　拔模移动侧面以保持与顶部相切

"⬖分型边"：拔模来自相对于固定平面的分型边，固定面确定维持的横截面，此拔模类型创建垂直于参考方向和边的凸缘面，如图 3-2-47 所示。

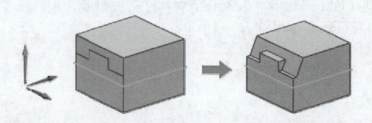

图 3-2-47　拔模在基准平面定义的分型边处创建凸缘

（二）脱模方向

脱模方向是模具或冲模为了与部件分离而移动的方向。NX 软件根据输入几何体自动判断脱模方向。图 3-2-48 所示为【脱模方向】选项组。

图 3-2-48　【脱模方向】选项组

（三）拔模参考

【拔模参考】选项组的类型设置为面时可用，如图 3-2-49 所示。

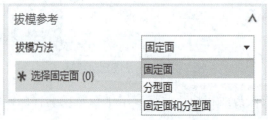

图 3-2-49　【拔模参考】选项组

"固定面" ⬠：可选择一个或多个固定面作为拔模参考。固定面与拔模面相交的曲线用作计算拔模的参考。

"分型面" ⬠：可选择一个或多个面作为拔模参考。固定面与拔模面相交的曲线用作计算拔模的参考。要拔模的面在与固定面相交处细分，如果需要，可以将拔模添加到两侧。

"固定面和分型面" ⬠：用于从与分型面相切的固定面创建拔模。固定面与拔模面的相交曲线用作计算拔模的参考。要拔模的面在与分型面相交处细分。

（四）设置

【设置】选项组中可设置【拔模方法】【距离公差】与【角度公差】，如图 3-2-50 所示。

图 3-2-50 【设置】选项组

【拔模方法】：分为等斜度拔模和真实拔模。等斜度拔模是构建一个直纹曲面，其中该曲面与具有相同斜率的任何点相切，且斜率测量为相对于脱模方向的角度；真实拔模是在给定脱模方向和分型曲线上，且在曲线上的任意位置，曲线相切角都小于拔模角的情况下，构建一个直纹曲面，在这种情况下无法进行等斜度拔模。

【距离公差】：用于指定输入几何体与产生的体之间的最大距离，默认值取自建模首选项。

【角度公差】：用于确保拔模曲面相对于邻近曲面而言在指定的角度范围内，默认值取自建模首选项。

二、键槽

键槽结构通常用在一些轴类或与之配套的零件上。键槽的类型有矩形键槽、球形端建槽、U 形键槽、T 形键槽和燕尾键槽。键槽示例如图 3-2-51 所示。

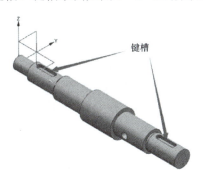

图 3-2-51　键槽示例

【键槽】命令的使用如下。

键盘输入 CTRL+1 快捷键进行【键槽】命令的定制，在搜索栏中，搜索"键槽"，在下拉栏中找到【键槽】命令，并按住鼠标左键拖动至【特征】工具栏，如图 3-2-52 所示。

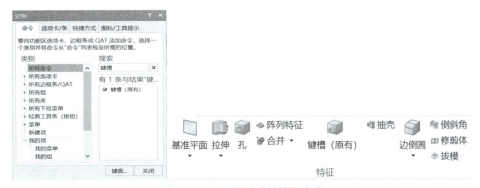

图 3-2-52　定制【键槽】命令

在【特征】工具栏中单击【键槽】按钮 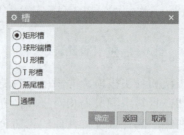，打开如图 3-2-53 所示的【槽】对话框。使用【槽】对话框建键槽的基本步骤如下。

图 3-2-53　【槽】对话框

（1）在【槽】对话框中选择其中一个键槽类型单选按钮（可供选择的有矩形槽、球形端槽、U 形槽、T 型槽和燕尾槽）。

（2）选择键槽的放置面。放置面可以通过选择实体平整曲面或基准平面来定义。

（3）指定键槽的水平参考。

（4）如果之前在【槽】对话框中选中【通槽】复选框，则需指定键槽的起始通过面和终止通过面等。

（5）输入键槽的参数。

（6）利用弹出的【定位】对话框，选择定位方式进行键槽定位。

三、抽壳

使用抽壳命令可按指定的厚度挖空实体或创建薄壁体。单击【抽壳】按钮 或者选择【插入】|【偏置/缩放】|【抽壳】命令，弹出【抽壳】对话框，如图 3-2-54 所示。

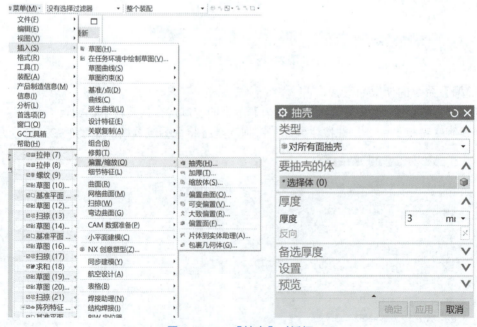

图 3-2-54　【抽壳】对话框

（一）类型

抽壳有两种类型，选择其中之一可以指定要创建的抽壳种类，如图3-2-55所示。

【移除面，然后抽壳】：在抽壳之前移除体的面。

【对所有面抽壳】：对体的所有面进行抽壳，且不移除任何面。

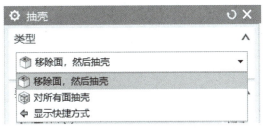

图3-2-55 【类型】选项组

"要穿透的面"：仅当抽壳类型设置为"移除面，然后抽壳"时显示，如图3-2-56所示。

"选择面" ：用于从要抽壳的体中选择一个或多个面。如果有多个体，则所选的第一个面将决定要抽壳的体。

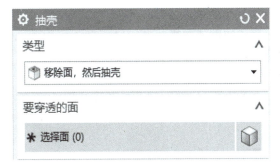

图3-2-56 【要穿透的面】选项组

（二）要抽壳的体

【选择体】 ：用于选择要抽壳的体，如图3-2-57所示。

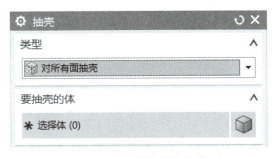

图3-2-57 【要抽壳的体】选项组

（三）厚度

为壳设置壁厚。可以拖动厚度手柄，或者在厚度屏显输入框或对话框中键入值。要更改单个壁厚，请使用备选厚度组中的选项，如图 3−2−58 所示。

厚度：更改厚度的方向。还可以右键单击厚度方向箭头并选择反向，或双击方向箭头。

图 3−2−58 【厚度】选项组

（四）备选厚度

【选择面】：用于选择厚度集的面，可以对每个面集中的所有面指派统一厚度值，如图 3−2−59 所示。

【厚度 0】：为当前选定的厚度集设置厚度值，此值与厚度选项中的值无关。可以拖动面集手柄，或在厚度屏显输入框中或抽壳对话框中键入值，厚度标签发生变化，可以同当前选定的厚度集相匹配。

【添加新集】：使用选定的面创建面集。

【列表】：列出厚度集及其名称、值和表达式信息。

图 3−2−59 【备选厚度】选项组

（五）设置

【相切边】：在相切边延伸添加支撑面。在偏置体中的面之前，先处理选定要移除并与其他面相切的面。这将沿光顺的边界边创建边面。如果选定要移除的面都不与不移除的面相切，选择此选项将没有作用。图 3−2−60 所示为【设置】对话框。

【相切延伸面】：延伸相切面，并且不为选定要移除且与其他面相切的面的边创建边面。

【使用补片解析自相交】：选择后可修复由于偏置体中的曲面导致的自相交。此选项适用于在创建抽壳过程中可能因自相交而失败的复杂曲面。如果未选择此选项，NX 软件会按照当前公差设置来精确计算壳壁及曲面。

【公差】：创建壳面时设置距离公差。

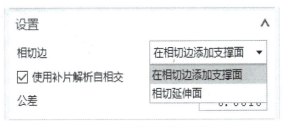

图 3 - 2 - 60　【设置】对话框

拓展任务

（1）请结合任务 1 和任务 2 所学的建模方法，完成如图 3 - 2 - 61 所示茶杯的建模。

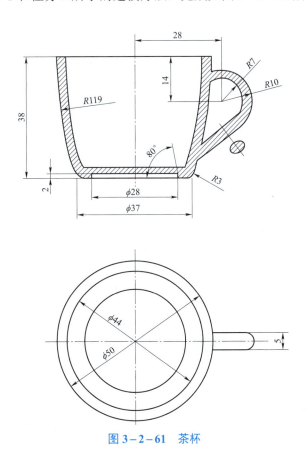

图 3 - 2 - 61　茶杯

（2）请结合任务 1 和任务 2 所学的建模方法，完成如图 3－2－62 所示肥皂架的建模。

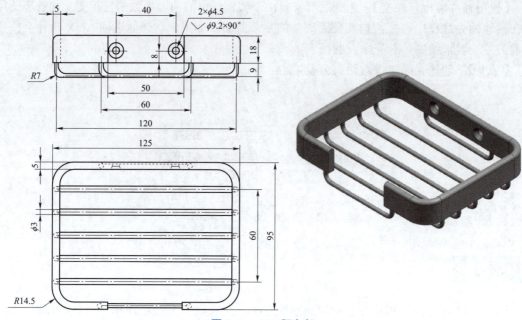

图 3－2－62　肥皂架

（3）请结合任务 1 和任务 2 所学的建模方法，完成如图 3－2－63 所示闷盖零件的建模。

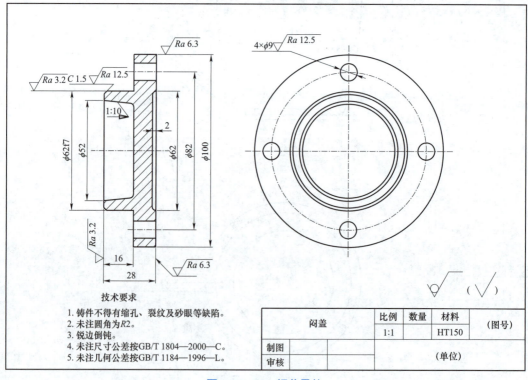

技术要求

1. 铸件不得有缩孔、裂纹及砂眼等缺陷。
2. 未注圆角为 R2。
3. 锐边倒钝。
4. 未注尺寸公差按 GB/T 1804—2000—C。
5. 未注几何公差按 GB/T 1184—1996—L。

闷盖		比例	数量	材料	（图号）
		1:1		HT150	
制图					
审核				（单位）	

图 3－2－63　闷盖零件

项目评价

评价内容					学生姓名				评价日期			
评价项目	学生自评				生生互评				教师评价			
	优	良	中	差	优	良	中	差	优	良	中	差
课堂表现												
回答问题												
作业态度												
知识掌握												
综合评价				寄语								

项目四
紫砂壶设计

紫砂壶

项目需求

　　茶文化是中国文化中不可或缺的一部分。古人云：开门七件事，柴米油盐酱醋茶，可见茶与生活息息相关。泡茶佳器当属紫砂器。紫砂壶的原产地在江苏宜兴丁蜀镇，又名宜兴紫砂壶。据说紫砂壶的创始人是中国明朝的供春。因为有了艺术性和实用性的完美结合，紫砂壶才如此的珍贵。

　　在建模设计中，曲面造型设计是产品设计的基本技能。本项目以紫砂壶产品设计为依托，让设计者既能够学习到曲面造型的基本流程，也能够深入了解中国茶文化，更鼓励设计者能够加入创新理念，创作出富有民族、文化特色和艺术生命的珍品。

126

此项目为某紫砂文化有限公司承接项目。该项目实施涉及产品外形设计，需要设计部门组织人员完成此项任务。

方 案 设 计

设计人员依据产品外形要求，完成设计准备、曲面设计以及渲染上色3个工序。

相 关 知 识 和 技 能

● 掌握基本曲线命令的基本操作流程，能够进行螺旋线、桥接曲线、投影曲线、曲线倒圆角、曲线倒斜角命令的基本操作；

● 掌握曲面造型编辑的基本操作流程，能进行空间片体的生成。

● 通过曲面的创建与编辑，从线到面的提升，从片体到实体的提升，培养学生的观察能力和学以致用的能力。

任务1　空间曲线搭建

任务目标

（1）了解基本曲线、艺术样条、螺旋线的绘制方法。

（2）了解桥接曲线、投影曲线、偏置曲线、镜像曲线等的创建方法。

（3）掌握曲线编辑的相关命令操作。

任务分析

NX软件主要用于三维实体建模，曲线功能在其建模模块中应用非常广泛。有些实体需要通过线的拉伸、回转等操作构造特征；也可以用曲线创建曲面进行复杂实体的造型。在特征建模过程中，曲线也常用作建模的辅助线（如定位线等），并可添加到草图中进行参数化设计。本任务主要完成曲面创建的支撑步骤，即空间曲线的搭建，以紫砂壶实体建模前的曲线搭建过程引导学生初步掌握空间曲线的创建方法，以及曲线编辑命令的相关操作，为项目的实施打下基础。

知识准备

一、曲线

（一）基本曲线

基本曲线功能能够生成直线、弧、圆和圆角，并可以修剪这些曲线或编辑其参数，选择对话框中的不同功能按钮，则系统会显示出相应的功能界面，但它创建出来的线段是非关联的。在主菜单中选择【插入】|【曲线】|【基本曲线】命令，系统弹出【基本曲线】对话框，如图 4-1-1 所示。

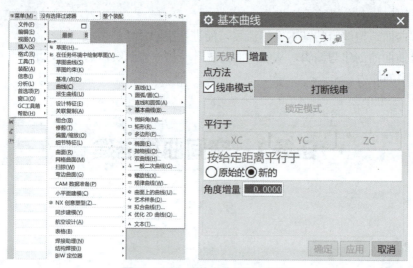

图 4-1-1　【基本曲线】对话框

1. 直线

在创建直线时，有如下选项。

【无界】：该选项设置为【开】时，无论是怎样的创建方法，所创建的任何直线都受视图边界的限制（注：在线串模式下无效）。

【锁定模式/解锁模式】：当下一步操作会导致直线创建模式发生更改时，为了避免这种更改可使用"锁定模式"。

【平行于】：用于创建平行线。

【按给定距离平行于】：用于创建偏置直线时，选择所偏置的距离是以新的对象为参考还是以初始对象为参考。

【角度增量】：如果指定了第一点，然后在图形窗口中拖动鼠标指针，则该直线会捕捉至该字段中指定的每个增量度数处（只有在【点方法】设置为"自动判断的点"时有效）。

2. 圆弧

【圆弧】选项如图 4-1-2 所示。

【整圆】：当该选项为"开"时，无论创建方法如何，所创建的任何圆弧都是完整的圆（在线串模式下无效）。

【备选解】：当创建圆弧方向相反时，则可选用【备选解】进行更改。

【创建方法】：指定所选的点（或其他对象）如何用于定义圆弧。

3. 圆角

当在直线对话框中单击【曲线倒圆】按钮 时，系统弹出【曲线倒圆】对话框，如图 4-1-3 所示，设对话框包括如下选项。

【简单圆角】：在两条共面非平行线之间创建圆角。

【2 曲线圆角】：在两条曲线（包括点、直线、圆、二次曲线或样条）之间构造一个圆角。

【3 曲线圆角】：在三条曲线之间创建圆角，它们可以是点、直线、圆弧、二次曲线和样条的任意组合。

【修剪选项】：用于修剪可缩短或延伸选中的曲线，以便与圆角连接起来。

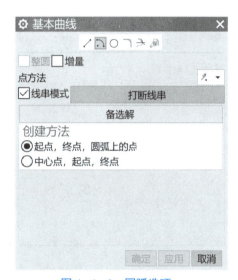

图 4-1-2 圆弧选项

图 4-1-3 【曲线倒圆】对话框

【小提醒】

➤ 在创建基本曲线的过程时，应该注意跟踪条中的坐标值，并记住每一次输完一组数据后回车一次。

➤ 在曲线倒圆时，一般选取对象的方式是以逆时针方向选取的。

（二）艺术样条

使用【艺术样条】命令可以创建关联或者非关联的样条，创建方法有两种，分别是"通过点"和"通过极点"的方式。在"通过点"和"通过极点"样条类型之间切换时，将删除任何内部点约束。在主菜单中选择【插入】|【曲线】|【艺术样条】命令，系统弹出【艺术样条】对话框，如图 4-1-4 所示。

在使用【艺术样条】命令时，可以执行如下操作。

（1）在定义点或终端极点指派曲率约束。

（2）可通过拖动定义点或极点修改样条。

（3）可控制样条的参数化。例如阶次、段数和极点位置。

（4）控制样条的制图平面以及点或极点的移动方向。

（5）以对称方式或单独延长艺术样条的两端。

（三）螺旋线

通过定义圈数、螺距、半径方式（规律或恒定）、旋转方向和适当的方向可以生成螺旋线，通过不同的参数设置可生成不同的螺旋线。在主菜单中选择【插入】|【曲线】|【螺旋线】命令，系统弹出【螺旋线】对话框，如图4-1-5所示。

图4-1-4　【艺术样条】对话框

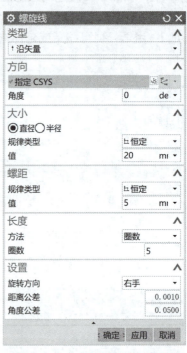

图4-1-5　【螺旋线】对话框

（四）文本

【文本】命令可根据本地字体库中的 Truetype 字体生成 NX 曲线，无论何时需要文本，都可以将此功能作为部件模型中的一个设计元素使用。在主菜单中选择【插入】|【曲线】|【文本】命令，系统弹出【文本】对话框，如图4-1-6所示。

二、派生曲线

（一）偏置曲线

使用【偏置曲线】命令，可在现有直线、圆弧、二次曲线、样条和边界上创建一定距离的曲线。在主菜单中选择【插入】|【派生曲线】|【偏置曲线】命令，系统弹出【偏置曲线】

对话框，如图 4-1-7 所示。

图 4-1-6 【文本】对话框

图 4-1-7 【偏置曲线】对话框

【小提醒】

偏置曲线【偏置类型】选项包括"距离""拔模""规律控制"和"3D 轴向" 4 个选项。距离、拔模和规律控制类型的偏置曲线必须位于同一平面上。

（二）在面上偏置曲线

使用【在面上偏置曲线】命令，可根据曲面上的相连边或曲线，在一个或多个面上创建偏置曲线，偏置曲线可以是关联的也可以是非关联的。在主菜单中选择【插入】|【派生曲线】|【在面上偏置曲线】命令，系统弹出【在面上偏置曲线】对话框，如图 4-1-8 所示。【类型】选项组包括"恒定"和"可变"两个选项，使用"可变"可以指定与原始曲线上点位置之间的不同距离。

（三）桥接曲线

使用【桥接曲线】命令，可以创建通过可选光顺性约束连接两个对象的曲线，也可以使用此命令跨基准平面创建对称的桥接曲线。在主菜单中选择【插入】|【派生曲线】|【桥接曲线】命令，系统弹出【桥接曲线】对话框，如图 4-1-9 所示。桥接曲线还可以在一个空间曲面上进行沿曲面桥接。

（四）简化曲线

使用【简化曲线】命令，可创建一个由最佳拟合直线和圆弧组成的线串。在主菜单中选择【插入】|【派生曲线】|【简化曲线】命令，系统弹出【简化曲线】对话框，如图 4-1-10 所示。

图 4-1-8 【在面上偏置曲线】对话框

图 4-1-9 【桥接曲线】对话框

图 4-1-10 【简化曲线】对话框

【保持】：在创建直线和圆弧之后保留原始曲线，在选中曲线的上面创建曲线。

【删除】：简化之后移除选中曲线，移除选中曲线之后不能再恢复（如果选择"取消"，可以恢复原始曲线但不再被简化）。

【隐藏】：创建简化曲线之后，将选中的原始曲线从屏幕上移除，但并不被删除。

（五）连结曲线

使用【连结曲线】命令，可将一连串曲线或边连结为连结曲线特征或非关联的 B 样条。在主菜单中选择【插入】|【派生曲线】|【连结曲线】命令，系统弹出【连结曲线】对话框，如图 4-1-11 所示。

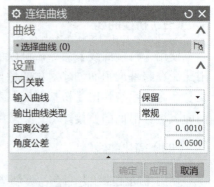

图 4-1-11 【连结曲线】对话框

（六）投影曲线

使用【投影曲线】命令，可将曲线、边和点投影到面、小平面化的体和基准平面上。在主菜单中选择【插入】|【派生曲线】|【投影曲线】命令，系统弹出【投影曲线】对话框，如图4-1-12所示。投影曲线的投影方向可以分为沿面的法向、朝向点、朝向直线、沿矢量、与矢量所成的角度，系统默认的投影方向为沿面的法向。

（七）组合投影

使用【组合投影】命令，可在两条投影曲线的相交处创建一条曲线。在主菜单中选择【插入】|【派生曲线】|【组合投影】命令，系统弹出【组合投影】对话框，如图4-1-13所示。

图4-1-12　【投影曲线】对话框

图4-1-13　【组合投影】对话框

（八）镜像曲线

使用【镜像曲线】命令，可以通过基准平面或平的曲面创建镜像曲线特征。在主菜单中选择【插入】|【派生曲线】|【镜像曲线】命令，系统弹出【镜像曲线】对话框，如图4-1-14所示。

（九）相交曲线

使用相交曲线命令，可在两组对象的相交处创建一条相交曲线。在主菜单中选择【插入】|【派生曲线】|【相交曲线】命令，系统弹出【相交曲线】对话框，如图4-1-15所示。

图 4-1-14 【镜像曲线】对话框

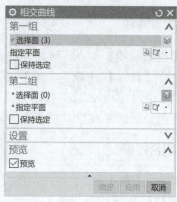

图 4-1-15 【相交曲线】对话框

（十）等参数曲线

使用【等参数曲线】命令，可沿着给定的 $U|V$ 线方向在面上生成曲线。在主菜单中选择【插入】|【派生曲线】|【等参数曲线】命令，系统弹出【等参数曲线】对话框，如图 4-1-16 所示。

（十一）抽取曲线

【抽取曲线】命令可使用一个或多个现有体的边和面创建几何体（直线、圆弧、二次曲线和样条）。在主菜单中选择【插入】|【派生曲线】|【抽取曲线】命令，系统弹出【抽取曲线】对话框，如图 4-1-17 所示。

图 4-1-16 【等参数曲线】对话框

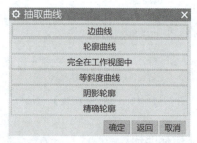

图 4-1-17 【抽取曲线】对话框

（十二）抽取虚拟曲线

使用【抽取虚拟】曲线命令，可从旋转轴面、倒圆或圆角面对象处创建虚拟交线。在主菜单中选择【插入】|【派生曲线】|【抽取虚拟曲线】命令，系统弹出【抽取虚拟曲线】对话框，如图 4-1-18 所示。

三、编辑曲线

完成曲线创建以后，实际情况下，还经常要根据需要进行后续的修改与调整。为了符合客户的设计要求，需要调整曲线的很多细节。

（一）修剪曲线

【修剪曲线】命令可用于修剪曲线或延伸曲线。在主菜单中选择【编辑】|【曲线】|【修剪曲线】命令，系统弹出【修剪曲线】对话框，如图 4-1-19 所示。

图 4-1-18　【抽取虚拟曲线】对话框

图 4-1-19　【修剪曲线】对话框

（二）修剪拐角

使用【修剪拐角】命令，可对两条曲线进行修剪，并将其选择球范围内的对象修剪掉，从而形成一个拐角。在主菜单中选择【编辑】|【曲线】|【修剪拐角】命令，系统弹出【修剪拐角】对话框，如图 4-1-20 所示。

图 4-1-20　【修剪拐角】对话框

【小提醒】
　　当使用【修剪拐角】命令时，选择球要同时压住两个要修剪的对象，否则系统会出现警告。

（三）曲线长度

使用【曲线长度】命令，可对选择的曲线对象指定长度增量或曲线总长来延伸或修

剪曲线。在主菜单中选择【编辑】|【曲线】|【曲线长度】命令，系统弹出【曲线长度】对话框，如图4-1-21所示。

（四）光顺样条

使用【光顺样条】命令，通过最小化曲率大小或曲率变化来移除样条中的小缺陷。在主菜单中选择【编辑】|【曲线】|【光顺样条】命令，系统弹出【光顺样条】对话框，如图4-1-22所示。

图4-1-21 【曲线长度】对话框

图4-1-22 【光顺样条】对话框

（五）模板成型

使用【模板成型】命令，可从样条的当前形状变换样条，以同模板样条的形状特性相匹配，同时保留原始样条的起点与终点。在主菜单中选择【编辑】|【曲线】|【模板成型】命令，系统弹出【模板成型】对话框，如图4-1-23所示。

图4-1-23 【模板成型】对话框

任务实施

下面以紫砂壶任务实例来说明空间曲线的构建过程。本任务的产品空间曲线框架如图4-1-24所示。

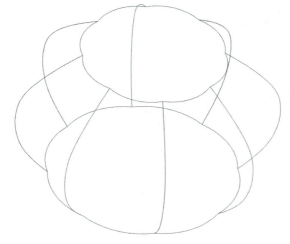

视频 8　空间曲线搭建

图 4−1−24　紫砂壶空间曲线

操作步骤如下。

Step1 启动 NX 软件。

Step2 在主菜单中选择【文件】|【新建】命令，系统弹出【新建】对话框，单击【确认】按钮，进入 UG NX 建模环境。

Step3 在主菜单工具栏中选择【插入】|【在任务环境中绘制草图】命令，系统弹出【草图】对话框，在此不做任何更改，选择"XOZ 平面"进行曲线绘制。"XOZ 平面"曲线尺寸如图 4−1−25 所示。

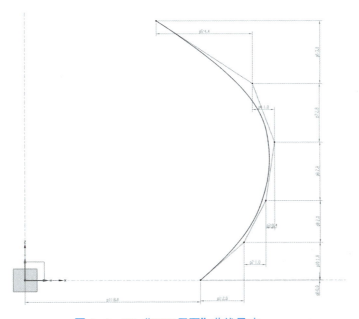

图 4−1−25　"XOZ 平面"曲线尺寸

Step4 在主菜单中选择【插入】|【派生曲线】|【镜像曲线】命令，系统弹出【镜像曲线】对话框，选择"XOZ 平面"绘制的曲线，选择"YOZ 平面"为镜像平面，如图 4−1−26 所示。

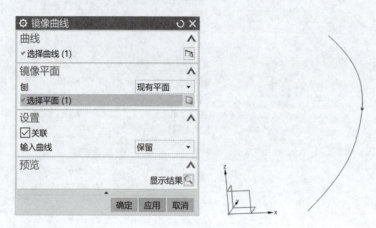

图 4−1−26　镜像曲线

Step5 在主菜单工具栏中选择【插入】|【在任务环境中绘制草图】命令，系统弹出【草图】对话框，在此不做任何更改，选择"YOZ 平面"进行曲线绘制。"YOZ 平面"曲线尺寸如图 4−1−27 所示。

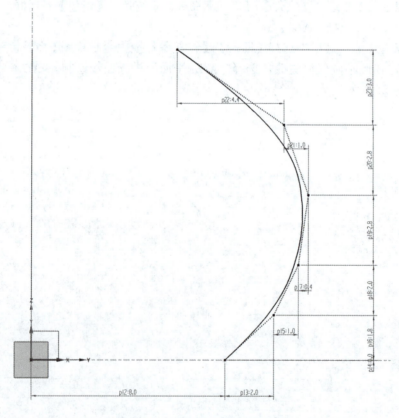

图 4−1−27　"YOZ 平面"曲线尺寸

Step6 在主菜单中选择【插入】|【派生曲线】|【镜像曲线】命令，系统弹出【镜像曲线】对话框，选择"YOZ 平面"绘制的曲线，选择"XOZ 平面"为镜像平面，如图 4−1−28 所示。

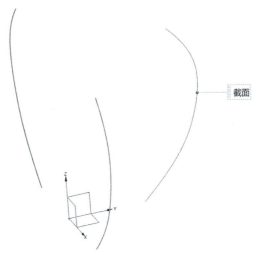

图 4-1-28 镜像曲线

Step7 在主菜单中选择【插入】|【基准/点】|【基准平面】命令，系统弹出【基准平面】对话框，【类型】选择"成一角度"，选择"YOZ 平面"，选择"+Z 轴"，【角度】设置为"45"，如图 4-1-29 所示。

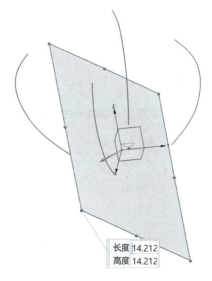

图 4-1-29 创建基准平面

Step8 在主菜单工具栏中选择【插入】|【在任务环境中绘制草图】命令，系统弹出【草图】对话框，在此不做任何更改，选择刚刚创建的基准平面进行曲线绘制。基准平面曲线尺寸如图 4-1-30 所示。

Step9 在主菜单中选择【插入】|【基准/点】|【基准平面】命令，系统弹出【基准平面】对话框，【类型】选择"成一角度"，选择刚刚创建的基准平面，选择"+Z 轴"，【角度】设置为"90"，如图 4-1-31 所示。

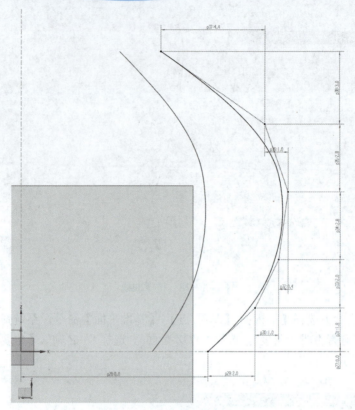

图 4-1-30　基准平面曲线尺寸

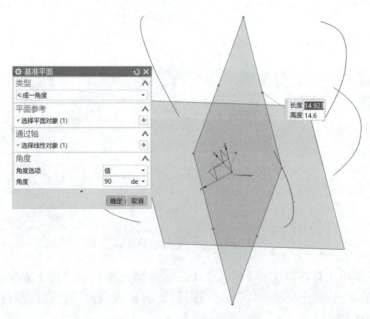

图 4-1-31　创建基准平面

Step10 在主菜单中选择【插入】|【派生曲线】|【镜像曲线】命令，系统弹出【镜像曲线】对话框，选择 Step8 绘制的曲线，选择 Step9 创建的基准平面为镜像平面，如图 4-1-32 所示。

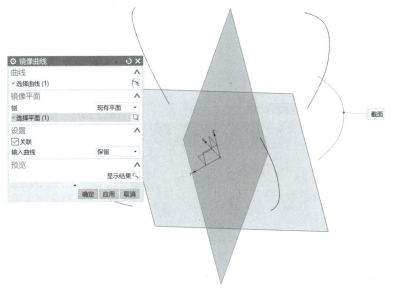

图 4-1-32　镜像曲线

Step11 在主菜单工具栏中选择【插入】|【在任务环境中绘制草图】命令，系统弹出【草图】对话框，在此不做任何更改，选择 Step9 创建的基准平面进行曲线绘制。基准平面曲线尺寸如图 4-1-33 所示。

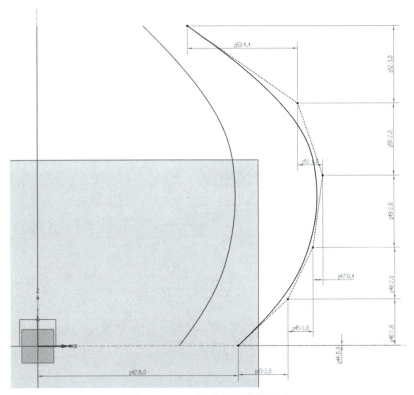

图 4-1-33　基准平面曲线尺寸

141

Step12 在主菜单中选择【插入】|【派生曲线】|【镜像曲线】命令，系统弹出【镜像曲线】对话框，选择 Step11 绘制的曲线，选择 Step7 创建的基准平面为镜像平面，如图 4－1－34 所示。

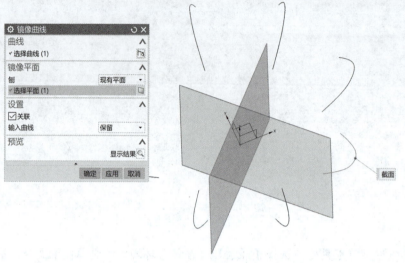

图 4－1－34　镜像曲线

Step13 在主菜单工具栏中选择【插入】|【在任务环境中绘制草图】命令，系统弹出【草图】对话框，在此不做任何更改，选择"XOY 平面"进行曲线绘制。"XOY 平面"曲线尺寸如图 4－1－35 所示。

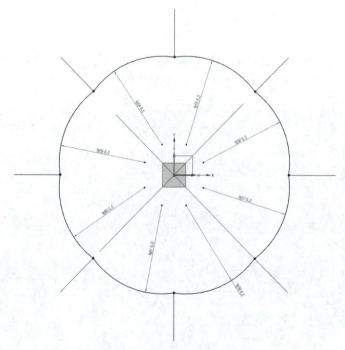

图 4－1－35　"XOY 平面"曲线尺寸

Step14 在主菜单中选择【插入】|【基准/点】|【基准平面】命令，系统弹出【基准平面】对话框，【类型】选择"曲线和点"，选择刚刚创建的曲线的上顶点中的任意 3 个点，如图 4－1－36 所示。

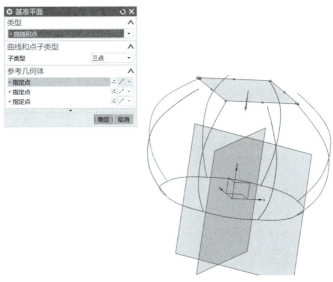

图 4－1－36　创建基准平面

Step15 在主菜单工具栏中选择【插入】|【在任务环境中绘制草图】命令，系统弹出【草图】对话框，在此不做任何更改，选择 Step14 创建的基准平面进行曲线绘制。基准平面曲线尺寸如图 4－1－37 所示。

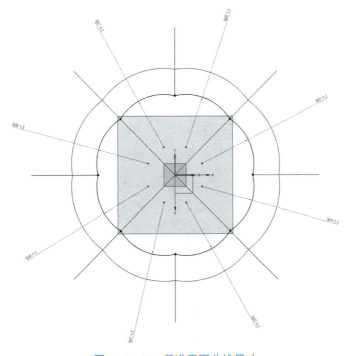

图 4－1－37　基准平面曲线尺寸

Step16 隐藏之前创建的基准平面，空间曲线框架如图 4-1-38 所示。

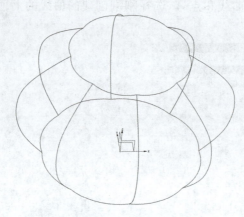

图 4-1-38　空间曲线框架

任务总结

至此，紫砂壶的空间曲线构建过程已经结束。此任务属于曲面建模的准备过程，并且很多曲线的构建仍选用了在二维平面中的绘制。但很多曲线都在空间中构建，这就需要大家在更多的实际产品设计中锻炼绘制的经验。

任务拓展

请依据曲线的创建方法，结合之前所学的建模方法，完成如图 4-1-39 所示特殊弹簧的建模。

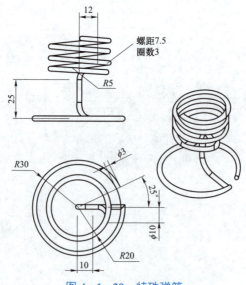

图 4-1-39　特殊弹簧

任务2 曲面设计建模

任务目标

（1）掌握直纹面、通过曲线组、通过曲线网格命令的基本操作方法。

（2）熟悉曲面编辑的基本操作，如 N 边曲面、过渡、偏置曲面等命令的基本操作方法。

（3）从线到面的提升，从片体到实体的提升，培养学生的观察能力和学以致用的能力。

任务分析

曲面建模是体现 CAD/CAM 软件建模能力的重要技术。如果只采用实体建模方法去完成产品的设计，设计就会十分受限。当设计一些复杂型面或不规则外形时，往往采用曲面建模。曲面建模用于构造用标准建模方法无法创建的复杂形状，它既能生成曲面，也能生成实体。本任务主要完成紫砂壶壶身以及其他部分的实体建模，即空间曲面的设计以及由面至体的转变，以此建模的过程引导学生初步掌握曲面设计建模的方法，为项目的实施打下基础。

知识准备

曲面是指空间具有两个自由度的点所构成的轨迹，是设计的重要组成部分。曲面与实体的主要区别在于曲面有大小但没有质量，在特征的生成过程中，不影响模型的特征参数。曲面建模广泛应用于飞机、汽车、电动机及其他工业产品的造型设计中。利用曲面建模命令可以方便快捷地设计复杂形状的产品。

一、直纹

使用【直纹】命令可以在两个截面之间创建体，其中直纹创建出来的曲面是线性过渡。直纹选择的截面可以是单个也可以是多个对象组成，每个对象可以是点、曲线，也可以是实体的边或者片体的边。如果截图线是封闭的且在同一个平面内，则创建出来的结果一般为实体，但也可以通过选项设置完成【体类型】的设置。

在主菜单中选择【插入】|【网格曲面】|【直纹】命令，或者在【曲面】工具栏中单击【直纹】按钮 直纹，系统弹出【直纹】对话框，如图 4-2-1 所示。

二、通过曲线组

使用【通过曲线组】命令可以创建穿过多个截面的体，一个截面可以由单个或多个对象组成，并且每个对象都可以是点、曲线，也可以是实体边或实体面的任意组合。通过不同的命令或利用截面线的不同，可以执行很多操作，例如，使用多个截面来创建片体或实体；通过各种方式将曲面与截面对齐，控制该曲面的形状；将新曲面约束为与相切曲面呈 G0、G1 或 G2 连续，同时可以指定一个或多个输出补片；生成垂直于结束面的新曲面。

在主菜单中选择【插入】|【网格曲面】|【通过曲线组】命令，或在【曲面】工具栏中单击【通过曲线组】按钮 通过曲线组，系统弹出【通过曲线组】对话框，如图 4-2-2 所示。

图 4-2-1　【直纹】对话框

图 4-2-2　【通过曲线组】对话框

三、通过曲线网格

使用【通过曲线网格】命令可以利用交互式的方式构建对象。通过曲线网格分为主曲线与交叉曲线，其中主曲线可以为线段也可以为一个点，如果主曲线是封闭且线段在同一平面的，则生成的结果一般为实体，但也可以通过选项设置来完成【体类型】的设置。通过对对话框的设置，可以完成如下操作：将新曲面约束为与相邻面呈 G0、G1 或 G2 连续；使用一组脊线来控制交叉曲线的参数化；将曲面定位在主曲线或交叉曲线附近，或定位在这两个集的中间处；在主菜单中选择【插入】|【网格曲面】|【通过曲线网格】命令或在【曲面】工具栏中单击【通过曲线网络】按钮 通过曲线网格，系统弹出【通过曲线网格】对话框，如图 4-2-3 所示。

四、艺术曲面

使用【艺术曲面】命令可以创建优化后用于光顺性的片体。艺术曲面将根据截面线串网格或者截面线串网格和最多3条引导线串产生扫掠或放样曲面。如果要进一步优化曲面，可以执行如下操作：指定约束面和连续性，编辑曲面对齐点和控制曲面截面之间的过渡；修改曲面而不用重新构建，具体方法是对截面线串和引导线串执行添加、移除、重新排序或扫掠操作。

在主菜单中选择【插入】|【网格曲面】|【艺术曲面】命令，系统弹出【艺术曲面】对话框，如图4-2-4所示。

图4-2-3　【通过曲线网格】对话框

图4-2-4　【艺术曲面】对话框

五、N边曲面

【N边曲面】可以通过使用不限数目的曲线或边建立一个曲面，并可以指定与关联曲面的连续性，所用的曲线或边组成一个简单的、封闭的环。在主菜单中依次单击【插入】|【网格曲面】|【N边曲面】命令，系统弹出【N边曲面】对话框，如图4-2-5所示。

六、修剪片体

使用【修剪片体】命令可以将片体进行关联修剪，其选择修剪的对象可以是面、边、曲线和基准平面。在主菜单中选择【插入】|【修剪】|【修剪片体】命令或在【特征】工具栏中单击【修剪片体】按钮 修剪片体，系统弹出【修剪片体】对话框，如图 4-2-6 所示。

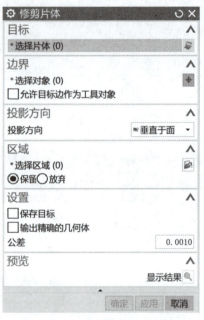

图 4-2-5 【N 边曲面】对话框　　　图 4-2-6 【修剪片体】对话框

七、修剪和延伸

使用【修剪和延伸】命令可以通过由边或曲面组成的一组工具对象来延伸和修剪一个或多个曲面。在主菜单中选择【插入】|【修剪】|【修剪和延伸】命令或在【特征】工具栏中单击【修剪与延伸】按钮 修剪与延伸，系统弹出【修剪与延伸】对话框，如图 4-2-7 所示。

八、偏置曲面

使用【偏置曲面】命令可以创建一个或多个现有面的偏置，且创建后的对象与原来对象或面产生关联。偏置曲面是通过沿所选面的曲面法向来进行偏置的，指定的距离称为偏置距离。偏置曲面可以选择任何类型的面创建偏置。

在主菜单中选择【插入】|【偏置/缩放】|【偏置曲面】命令或在【特征】工具栏中单击【偏置曲面】按钮 偏置曲面，系统弹出【偏置曲面】对话框，如图 4-2-8 所示。

图 4-2-7　【修剪和延伸】对话框　　　　图 4-2-8　【偏置曲面】对话框

任务实施

任务 1 中，紫砂壶的空间曲线已创建完成。本任务的要求是完成该产品的曲面建模和实体构建。

操作步骤如下。

Step1 启动 NX 软件，从储存盘中打开任务 1 完成的空间曲线。

Step2 在主菜单中选择【插入】|【网格曲面】|【通过曲线网格】命令，系统弹出【通过曲线网格】对话框，选择 8 条样条曲线，注意改变曲线的起始点，如图 4-2-9 所示。

视频 9　曲面设计建模

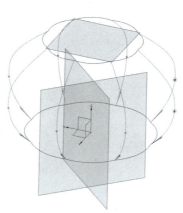

图 4-2-9　选择主曲线

Step3 选择上下两条曲线作为交叉曲线，注意每条曲线选择后要按中键结束，如图 4－2－10 所示。

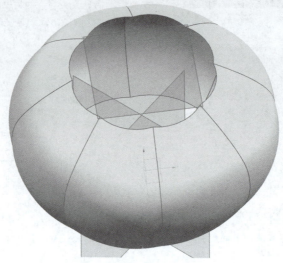

图 4－2－10　选择交叉曲线

Step4 在主菜单中依次单击【插入】|【网格曲面】|【N 边曲面】命令，系统弹出【N 边曲面】对话框，选择底部的曲线，注意在【设置】选项中勾选【修剪到边界】，如图 4－2－11 所示。

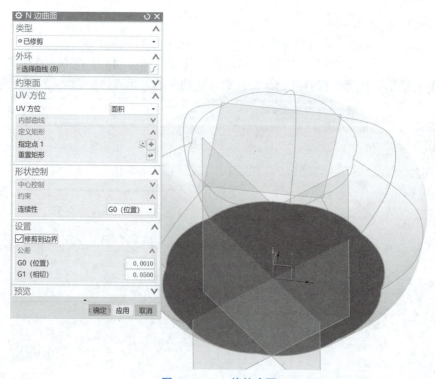

图 4－2－11　修补底面

Step5 在主菜单中依次单击【插入】|【组合】|【缝合】命令，系统弹出【缝合】对话框，如图 4 – 2 – 12 所示。

图 4 – 2 – 12　【缝合】对话框

选择 Step3、Step4 创建的曲面，进行曲面的缝合，如图 4 – 2 – 13 所示。

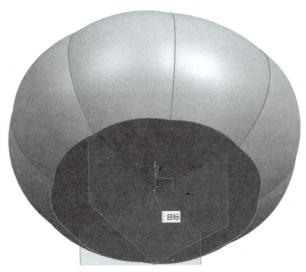

图 4 – 2 – 13　曲面缝合

Step6 在主菜单中依次单击【插入】|【偏置/缩放】|【加厚】命令，系统弹出【加厚】对话框，设置【厚度】的【偏置 1】为"0.8"，如图 4 – 2 – 14 和图 4 – 2 – 15 所示。

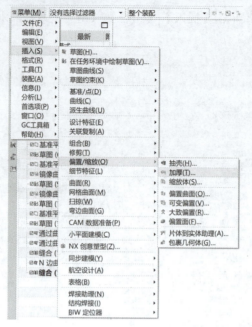

图 4-2-14 【加厚】命令

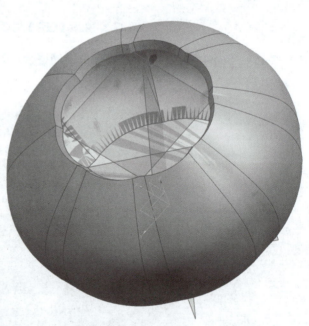

图 4-2-15 加厚设置

Step7 在主菜单工具栏中选择【插入】|【在任务环境中绘制草图】命令，系统弹出【草图】对话框，在此不做任何更改，选择"YOZ平面"进行曲线绘制。壶柄曲线尺寸如图 4-2-16 所示。

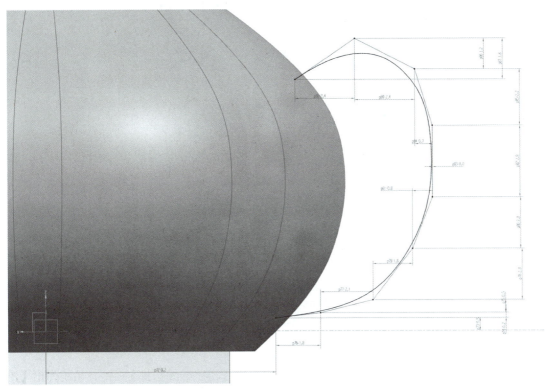

图 4-2-16 壶柄曲线尺寸

Step8 在主菜单中选择【插入】|【基准/点】|【基准平面】命令，系统弹出【基准平面】对话框，【类型】默认【自动判断】，选择 Step7 创建的曲线的上顶点，如图 4-2-17 所示。

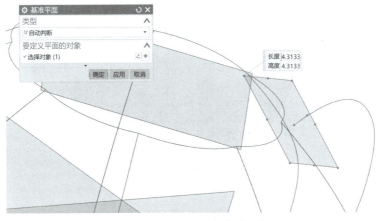

图 4-2-17 创建基准平面

Step9 在主菜单工具栏中选择【插入】|【在任务环境中绘制草图】命令，系统弹出【草图】对话框，在此不做任何更改，选择 Step8 创建的基准平面进行曲线绘制。绘制扫掠截面如图 4-2-18 所示。

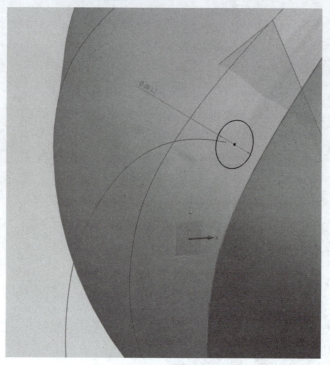

图 4-2-18　绘制扫掠截面

Step10 在主菜单工具栏中选择【插入】|【扫掠】|【沿引导线扫掠】命令，系统弹出【沿引导线扫掠】对话框，选择 Step7、Step9 创建的曲线进行绘制，注意求和，如图 4-2-19 所示。

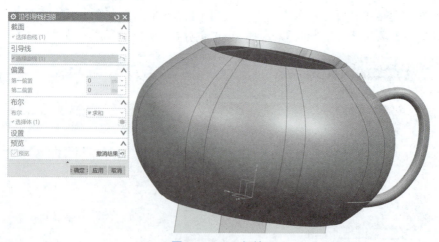

图 4-2-19　扫掠

Step11 在主菜单工具栏中选择【插入】|【细节特征】|【边倒圆】命令，系统弹出【边倒圆】对话框，选择壶柄与壶身的两段连接线，设置【半径1】为"0.5"，如图 4-2-20 所示。

Step12 在主菜单工具栏中选择【插入】|【设计特征】|【拉伸】命令，系统弹出【拉伸】对话框，选择壶口内沿所在的平面作为绘制曲线面，运用投影曲线的方法先抽取内沿曲线，再用偏置曲线的方法将内沿曲线统一向外偏置 0.6，如图 4-2-21 所示。

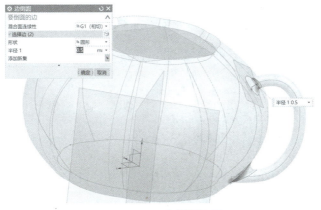

图 4-2-20　边倒圆设置

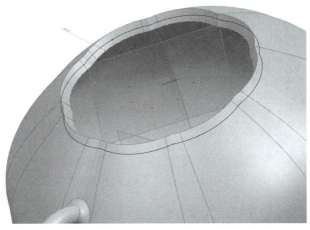

图 4-2-21　抽取与偏置曲线

完成草绘，在【拉伸】对话框中设置【结束】的【距离】为"1.6"，注意求和，如图 4-2-22 所示。

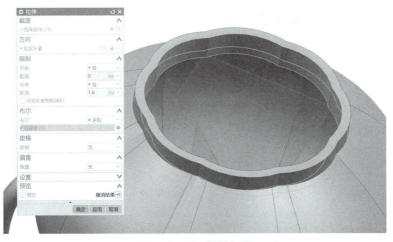

图 4-2-22　拉伸设置

Step13 在主菜单工具栏中选择【插入】|【在任务环境中绘制草图】命令，系统弹出【草图】对话框，在此不做任何更改，选择"*YOZ* 平面"进行曲线绘制。壶嘴曲线尺寸如图 4-2-23所示。

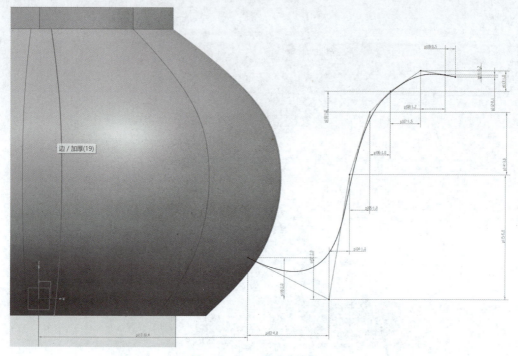

图 4-2-23　壶嘴曲线尺寸

Step14 在主菜单中选择【插入】|【基准/点】|【基准平面】命令，系统弹出【基准平面】对话框，【类型】默认【自动判断】，选择 Step13 创建的曲线的下顶点，如图 4-2-24 所示。

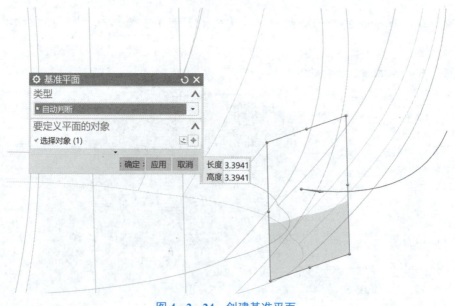

图 4-2-24　创建基准平面

Step15 在主菜单工具栏中选择【插入】|【在任务环境中绘制草图】命令，系统弹出
【草图】对话框，在此不做任何更改，选择Step14创建的基准平面进行曲线绘制。椭圆曲线
尺寸如图4-2-25所示。

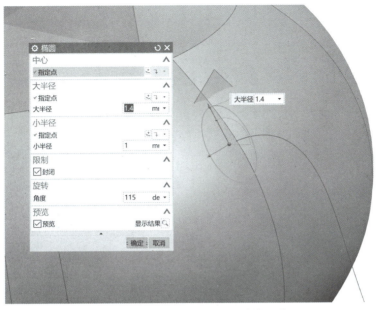

图4-2-25 设置椭圆曲线尺寸

Step16 在主菜单工具栏中选择【插入】|【扫掠】|【沿引导线扫掠】命令，系统弹出【沿
引导线扫掠】对话框，选择Step13、Step15创建的曲线进行绘制，注意求和，如图4-2-26
所示。

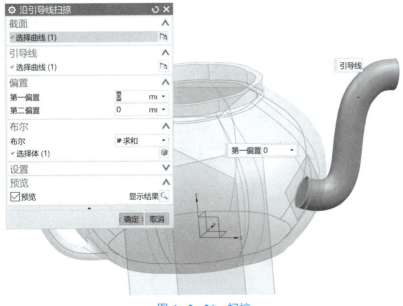

图4-2-26 扫掠

Step17 在主菜单工具栏中选择【插入】|【设计特征】|【拉伸】命令，系统弹出【拉伸】对话框，选择"YOZ 平面"作为绘制平面绘制曲线，尺寸不做要求，鼓励创新设计，如图 4-2-27 所示。

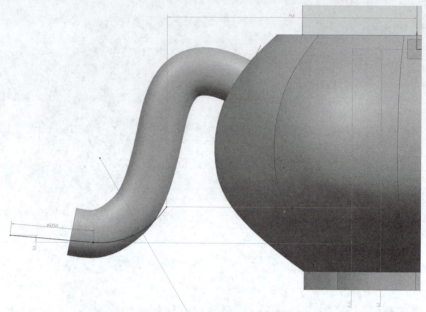

图 4-2-27　拉伸草绘

完成草绘，在【拉伸】对话框中设置【结束】为"对称值"，【距离】为"1.6"，如图 4-2-28 所示。

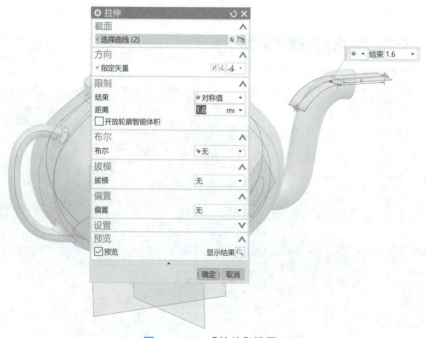

图 4-2-28　【拉伸】设置

Step18 在主菜单工具栏中选择【插入】|【修剪】|【修剪体】命令，系统弹出【修剪体】对话框，选择壶身为目标，选择 Step17 创建的拉伸面，完成修剪，如图 4-2-29 所示。

图 4-2-29 修剪体设置

Step19 在主菜单工具栏中选择【插入】|【设计特征】|【拉伸】命令，系统弹出【拉伸】对话框，选择"*YOZ* 平面"作为绘制平面绘制曲线，尺寸不做要求，鼓励创新设计，如图 4-2-30 所示。

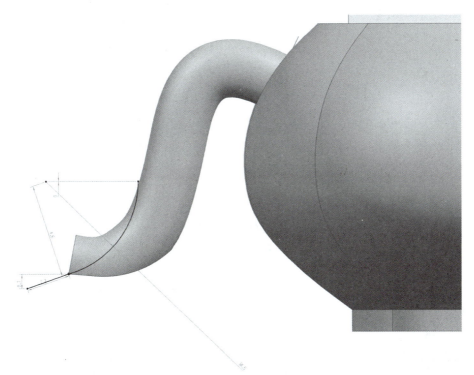

图 4-2-30 拉伸草绘

完成草绘，在【拉伸】对话框中设置【结束】为"对称值"，【距离】为"3.1"，如图4-2-31所示。

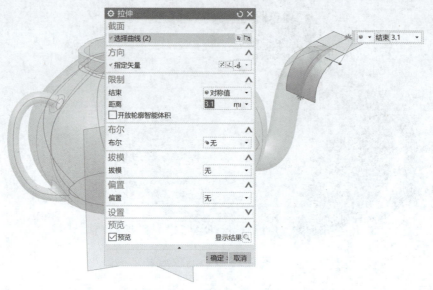

图4-2-31 "拉伸"设置

Step20 在主菜单工具栏中选择【插入】|【修剪】|【修剪体】命令，系统弹出【修剪体】对话框，选择壶身为目标，选择 Step19 创建的拉伸面，完成修剪，如图4-2-32所示。

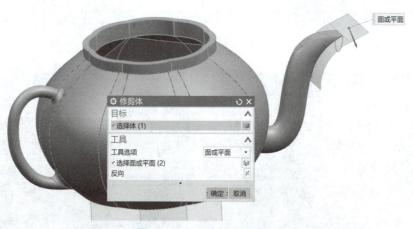

图4-2-32 修剪体设置

Step21 在主菜单工具栏中选择【插入】|【在任务环境中绘制草图】命令，系统弹出【草图】对话框，在此不做任何更改，选择 Step14 创建的基准平面进行曲线绘制。截面草绘如图4-2-33所示。

Step22 在主菜单工具栏中选择【插入】|【扫掠】|【沿引导线扫掠】命令，系统弹出【沿引导线扫掠】对话框，选择 Step13、Step21 创建的曲线进行绘制，注意求差，如图4-2-34所示。

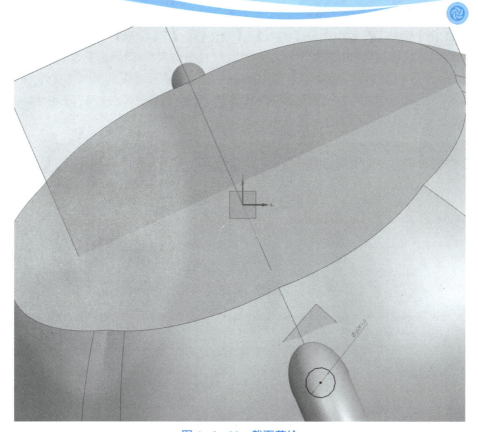

图 4-2-33　截面草绘

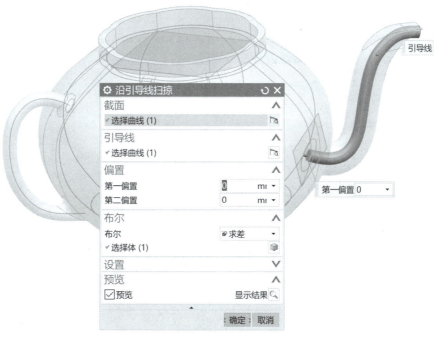

图 4-2-34　扫掠

Step23 在主菜单工具栏中选择【插入】|【设计特征】|【拉伸】命令，系统弹出【拉伸】对话框，选择"*YOZ* 平面"作为绘制平面绘制曲线，尺寸不做要求，鼓励创新设计，如图 4-2-35 所示。

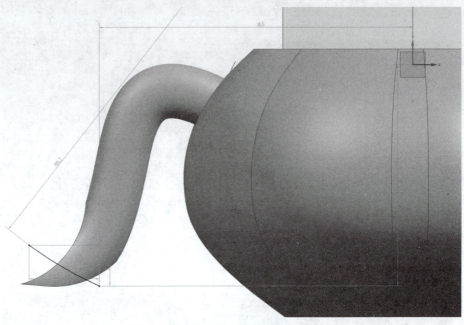

图 4-2-35　拉伸草绘

完成草绘，在【拉伸】对话框中设置【结束】为"对称值"，【距离】为"3.1"，如图 4-2-36 所示。

图 4-2-36　拉伸设置

Step24 在主菜单工具栏中选择【插入】|【修剪】|【修剪体】命令，系统弹出【修剪体】对话框，选择壶身为目标，选择 Step23 创建的拉伸面，完成修剪，如图 4-2-37 所示。

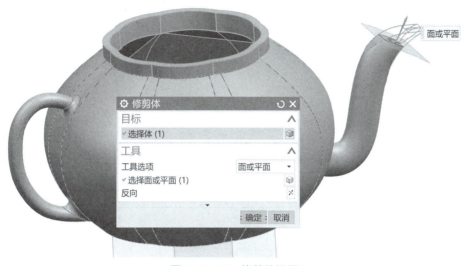

图 4-2-37　修剪体设置

Step25 在主菜单工具栏中选择【插入】|【细节特征】|【边倒圆】命令，系统弹出【边倒圆】对话框，选择壶嘴的棱边，【半径 1】分别设置为"1""0.2""0.5"，如图 4-2-38、图 4-2-39、图 4-2-40、图 4-2-41 所示。

图 4-2-38　【边倒圆】对话框 1

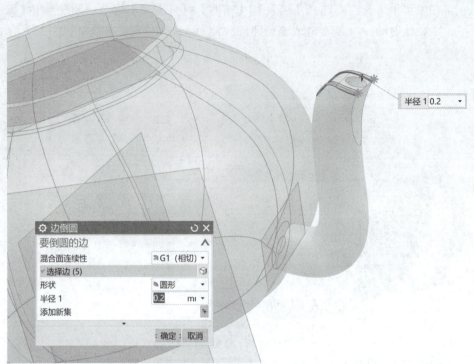

图 4-2-39　【边倒圆】对话框 2

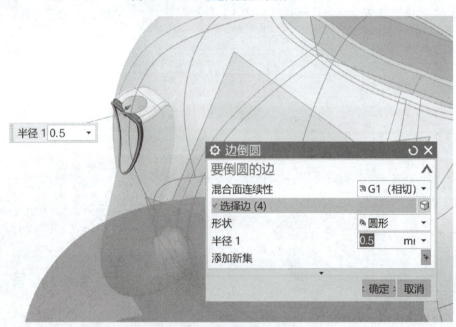

图 4-2-40　【边倒圆】对话框 3

Step26 在主菜单工具栏中选择【插入】|【设计特征】|【拉伸】命令，系统弹出【拉伸】对话框，选择壶口上表面作为绘制平面绘制曲线，用投影曲线的方式，抽取壶口曲线，如图 4-2-42 所示。

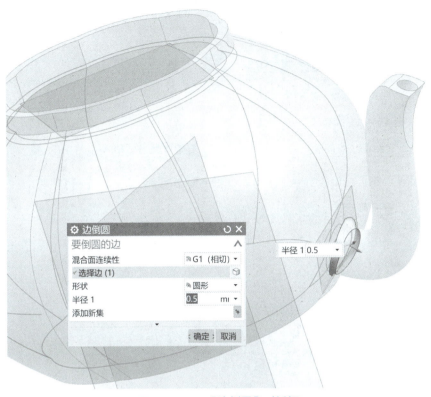

图 4-2-41　【边倒圆】对话框 4

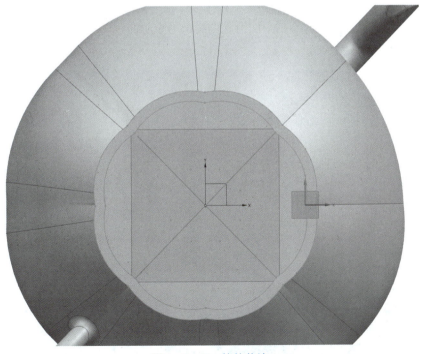

图 4-2-42　拉伸草绘

完成草绘，在【拉伸】对话框中设置【结束】的【距离】为"0.8"，注意拉伸方向，不需要求和，如图4-2-43所示。

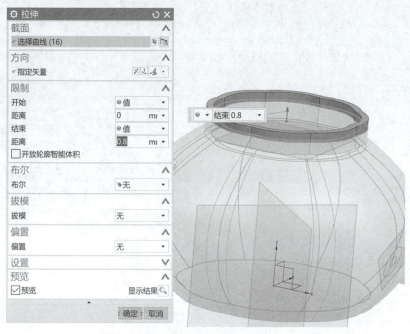

图4-2-43 拉伸设置

Step27 在主菜单工具栏中选择【插入】|【设计特征】|【拉伸】命令，系统弹出【拉伸】对话框，选择壶口上表面作为绘制平面绘制曲线，用投影曲线的方式，抽取壶口内曲线，如图4-2-44所示。

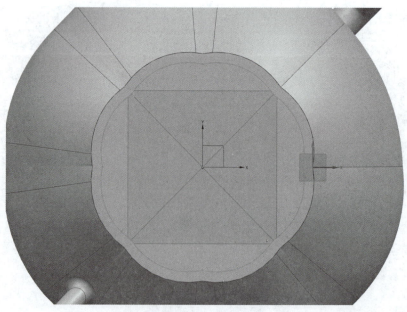

图4-2-44 拉伸草绘

完成草绘，在【拉伸】对话框中设置【开始】的【距离】为"0.1"、【结束】的【距离】为"0.8"，注意拉伸方向，不需要求和，如图4-2-45所示。

图4-2-45 拉伸设置

Step28 在主菜单工具栏中选择【插入】|【设计特征】|【旋转】命令，系统弹出【旋转】对话框，选择"YOZ平面"作为绘制平面绘制曲线，尺寸不唯一，如图4-2-46所示。

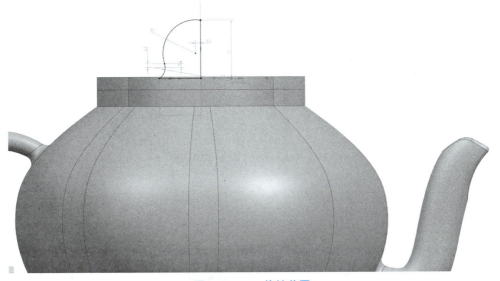

图4-2-46 旋转草图

完成草绘，在【旋转】对话框中设置【结束】的【角度】为"30"，如图4−2−47所示。

图4−2−47　旋转设置

Step29 在主菜单工具栏中选择【插入】|【关联复制】|【阵列特征】命令，系统弹出【阵列特征】对话框，选择Step28的旋转特征，设置【数量】为"12"、【节距角】为"30"，如图4−2−48所示。

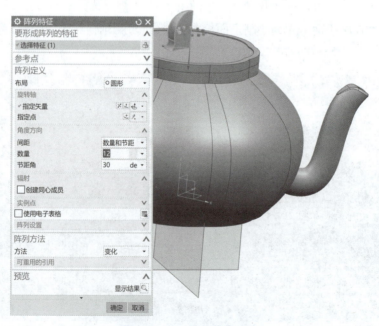

图4−2−48　阵列特征设置

Step30 在主菜单工具栏中选择【插入】|【细节特征】|【边倒圆】命令，系统弹出【边倒圆】对话框，选择棱边，设置【半径 1】为"0.2"，如图 4－2－49 所示。

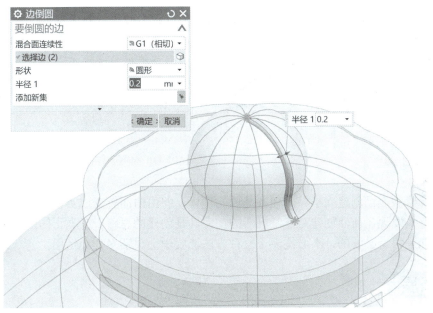

图 4－2－49　边倒圆设置

至此，紫砂壶的建模已全部完成，经过渲染，效果如图 4－2－50 所示。

图 4－2－50　渲染效果

169

【小提醒】
➢ 创建自由形式特征的边界曲线尽可能简单。
➢ 边界曲线要保证光顺过渡，应避免产生尖角、交叉或重叠。
➢ 尽量避免非参数化特征建模。
➢ 如果是导入的点云，一般按照由点构线、由线构面的原则创建曲面。
➢ 合理分析产品形状特点，然后将对象分割成几个主要特征，接着逐一创建。
➢ 根据不同部件的形状特点合理使用各种自由形状特征构造的方法。
➢ 创建曲面的阶次一般为3阶，尽量避免高阶曲面。
➢ 曲面之间的圆角过渡尽可能利用边倒圆、面倒圆或软倒圆。

任务总结

　　至此，紫砂壶已创建完毕。此任务是曲面建模，并由曲面转变成实体的全过程。在绘制过程中大家也发现，曲面创建是非常灵活的，尤其是创建的思路。在真正的产品设计中，保持创新理念是很有必要的，不必拘泥于一种方法，要学会灵活多变地运用。

任务拓展

　　请依据曲线的创建方法，结合之前所学的建模方法，完成如图4-2-51所示酒杯的建模。

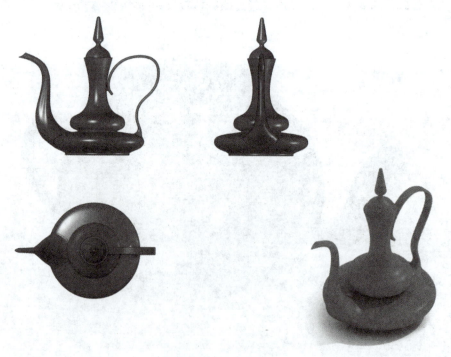

图4-2-51　酒杯

项目评价

评价内容					学生姓名				评价日期			
评价项目	学生自评				生生互评				教师评价			
	优	良	中	差	优	良	中	差	优	良	中	差
课堂表现												
回答问题												
作业态度												
知识掌握												
综合评价			寄语									

项目五
虎钳设计

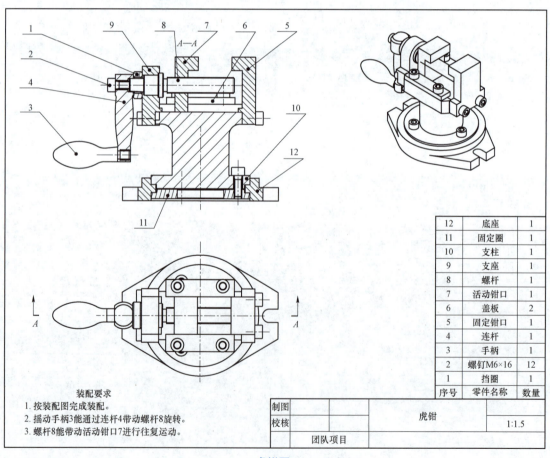

12	底座	1
11	固定圈	1
10	支柱	1
9	支座	1
8	螺杆	1
7	活动钳口	1
6	盖板	2
5	固定钳口	1
4	连杆	1
3	手柄	1
2	螺钉M6×16	12
1	挡圈	1
序号	零件名称	数量

装配要求
1. 按装配图完成装配。
2. 摇动手柄3能通过连杆4带动螺杆8旋转。
3. 螺杆8能带动活动钳口7进行往复运动。

制图		虎钳	
校核			1:1.5
	团队项目		

虎钳图

项 目 需 求

　　在机械加工行业中，台式虎钳是用来夹持工件的通用夹具，安装在钳工工作台上夹持待加工零件，以便于钳工手工操作。其主要由手柄、支柱、连杆、盖板、底座、支座、活动钳口、固定钳口等零件组成。活动钳身通过导轨与固定钳身的导轨做滑动配合。丝杠装在活动钳身上，可以旋转，但不能轴向移动，并与安装在固定钳身内的丝杠螺母配合。当摇动手柄使丝杠旋转，就可以带动活动钳身相对于固定钳身做轴向移动，起夹紧或放松的作用。在固定钳身和活动钳身上，各装有钢制钳口，并用螺钉固定。钳口的工作面上有交叉的网纹，使工件夹紧后不易产生滑动。钳口经过热处理淬硬，具有较好的耐磨性。固定钳身装在转座上，并能绕转座轴心线转动，当转到要求的方向时，扳动夹紧手柄使夹紧螺钉旋紧，便可在夹紧盘的作用下把固定钳身固紧。转座上有三个螺栓孔，用以与钳台固定。本项目利用 UG NX 软件对虎钳的支柱、底座、支座等零件进行实体建模，进而掌握工程图和装配图的创建方法。

项 目 工 作 场 景

　　此项目为某公司承接项目。该项目实施涉及组件建模、组建组装以及生成工程图纸等任务，需要设计部门组织人员完成此项任务。

方 案 设 计

　　本项目主要通过 4 个任务完成虎钳的设计与加工。在实体创建的基础上，能熟练掌握工程图的基本视图和投影视图的操作方法；理解全剖视图、半剖视图、局部视图等视图表达方法；会合理标注工程图尺寸、形位公差、表面粗糙度等；会添加零件之间的约束关系创建零件装配图，并生成装配工程图；最后完成底座零件的平面外形铣削加工刀具路径的设定，生成加工程序。

相 关 知 识 和 技 能

- 掌握拉伸、回转、扫掠实体的创建方法。
- 掌握创建孔、键槽、抽壳、倒角、圆角等特征操作。
- 掌握将零件或组件装配成装配体的方法。
- 掌握创建零件工程图的方法及标注工程图尺寸、技术要求等的方法。
- 会灵活运用各种实体创建方法和编辑方法创建实体。
- 会进行简单装配体的构建。
- 会进行基本工程图样的创建。

任务1　组件建模

任务目标

（1）会熟练运用实体命令绘制实体。
（2）会编辑修改实体。
（3）会运用拉伸、旋转等特征指令创建实体。
（4）会运用孔、倒角、镜像、阵列等指令编辑修改实体。

任务分析

分析各零件图纸尺寸要求，引导学生掌握实体建模的基本思路：首先分析图形的组成，分别画出截面；然后用拉伸、旋转、扫掠等建模方法来构建主实体；再在主实体上创建各种孔、键槽、倒角、圆角等细节特征。

任务实施

1. 零件 1：挡圈

挡圈零件图如图 5-1-1 所示。

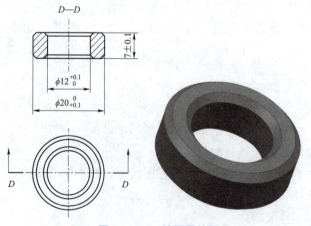

视频 10　挡圈零件创建

图 5-1-1　挡圈零件图

操作步骤如下。

Step1 单击菜单栏中的【文件】|【新建】命令，或单击【标准】工具栏中的【新建】按

钮，弹出【新建】对话框。在【模板】列表框中选择【模型】选项，在【名称】文本框中输入"挡圈"，单击【确定】按钮，进入 UG NX 主界面。

Step2 单击菜单栏中的【插入】|【草图】命令，或单击【特征】工具栏中的【草图】按钮，进入 UG NX 草图绘制界面，如图 5-1-2 所示。单击中键，默认选择"XC-YC 平面"作为工作平面绘制草图，绘制的草图如图 5-1-3 所示。单击【完成草图】按钮，草图绘制完毕。

图 5-1-2　【创建草图】对话框

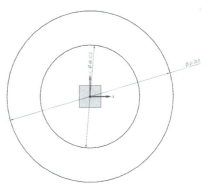
图 5-1-3　草图

Step3 单击菜单栏中的【插入】|【设计特征】|【拉伸】命令，或单击【特征】工具栏中的【拉伸】按钮，弹出【拉伸】对话框，选择图 5-1-3 所示的草图。在【限制】选项组【开始】【距离】和【结束】的【距离】文本框中分别输入"0"和"7"。单击【确定】按钮。创建的拉伸特征如图 5-1-4 所示。

Step4 单击【特征】工具栏中的【倒斜角】按钮，弹出如图 5-1-5 所示【倒斜角】对话框，旋转两条边，在【偏置】选项组的【距离】文本框中输入"1"。单击【确定】按钮。创建的倒斜角特征如图 5-1-6 所示。

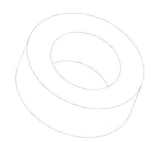
图 5-1-4　拉伸特征

图 5-1-5　【倒斜角】对话框

图 5-1-6　倒斜角特征

2. 零件 2：活动钳口

活动钳口零件图如图 5-1-7 所示。

操作步骤如下。

Step1 单击菜单栏中的【文件】|【新建】命令，或单击【标准】工具栏中的【新建】按钮，弹出【新建】对话框。在【模板】列表框中选择【模型】选项，在【名称】文本框中输入"活动钳口"，单击【确定】按钮，进入 UG NX 主界面，如图 5-1-8 所示。

视频 11　活动钳口零件创建

175

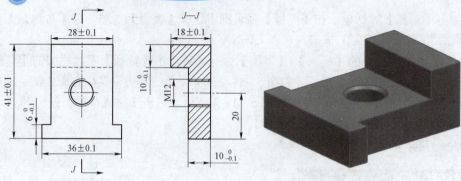

图 5-1-7　活动钳口零件图

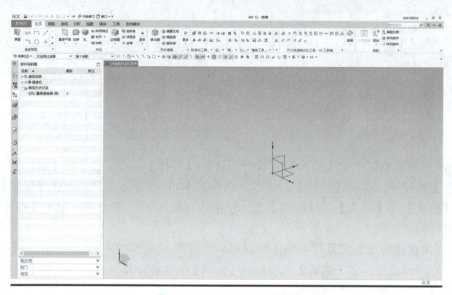

图 5-1-8　UG NX 主界面

Step2 单击菜单栏中的【插入】|【草图】命令，或单击【特征】工具栏中的【草图】按钮，弹出【创建草图】对话框，如图 5-1-9 所示。单击【确定】按钮默认选择"$XC-YC$平面"作为工作平面绘制草图，绘制的草图如图 5-1-10 所示。单击【完成草图】按钮，草图绘制完毕。

图 5-1-9　【创建草图】对话框

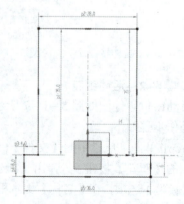

图 5-1-10　草图

Step3 单击菜单栏中的【插入】|【设计特征】|【拉伸】命令，或单击【特征】工具栏中的【拉伸】按钮🔲，弹出如图 5-1-11 所示的【拉伸】对话框，选择如图 5-1-10 所示的草图。在【限制】选项组【开始】的【距离】和【结束】的【距离】文本框中分别输入"0"和"10"。单击【确定】按钮。创建的拉伸特征如图 5-1-12 所示。

图 5-1-11 【拉伸】对话框

图 5-1-12 拉伸特征

Step4 单击菜单栏中的【插入】|【草图】命令，或单击【特征】工具栏中的【草图】按钮🔲，进入草图绘制界面。选择如图 5-1-13 所示的平面作为工作平面绘制草图，绘制的草图如图 5-1-14 所示。单击【完成草图】按钮🏁，草图绘制完毕。

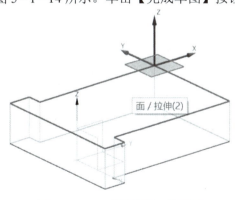

图 5-1-13 选择草图工作平面

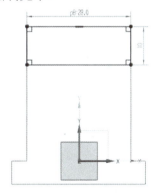

图 5-1-14 草图

Step5 单击菜单栏中的【插入】|【设计特征】|【拉伸】命令，或单击【特征】工具栏中的【拉伸】按钮🔲，弹出【拉伸】对话框，选择图 5-1-14 所示的草图。在【拉伸】对话框的【布尔】下拉列表中选择"求和"选项。在【限制】选项组中【开始】的【距离】和【结束】的【距离】文本框中分别输入"0"和"8"，如图 5-1-15 所示。单击【确定】按钮。创建的拉伸特征如图 5-1-16 所示。

Step6 单击菜单栏中的【插入】|【设计特征】|【孔】命令，或单击【特征】工具栏中的【孔】按钮🔲，在【孔】对话框的【类型】下拉列表中选择【螺纹孔】选项。在【位置】对话框【指定点】后单击【绘制截面】按钮🔲，进入【创建草图】对话框，【草图平面】选择如图 5-1-17 所示的平面。指定点的位置如图 5-1-18 所示。单击【完成草图】按钮🏁，草图绘制完毕。

图 5－1－15　【拉伸】对话框

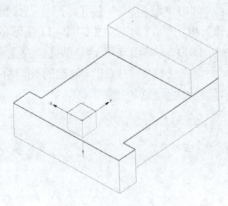

图 5－1－16　拉伸特征

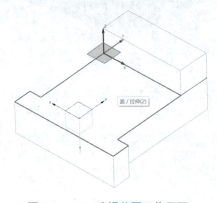

图 5－1－17　选择草图工作平面

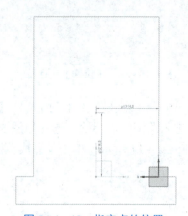

图 5－1－18　指定点的位置

在【形状和尺寸】选项组中设置螺纹尺寸【大小】为"M12×1.75"。尺寸【深度】为"24"，【布尔】选项为"求差"，如图 5－1－19 所示。创建的螺纹孔特征如图 5－1－20 所示。

图 5－1－19　【孔】对话框

图 5－1－20　螺纹孔特征

3. 零件3：手柄

手柄零件图如图5-1-21所示。

视频12 手柄零件创建

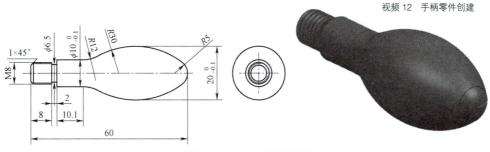

图5-1-21 手柄零件图

操作步骤如下。

Step1 单击菜单栏中的【文件】|【新建】命令，或单击【标准】工具栏中的【新建】按钮，弹出【新建】对话框。在【模板】列表框中选择【模型】选项，在【名称】文本框中输入【活动钳口】，单击【确定】按钮，进入 UG NX 主界面。

Step2 单击菜单栏中的【插入】|【草图】命令，或单击【特征】工具栏中的【草图】按钮，进入【创建草图】对话框，单击【确定】按钮默认选择"XC-YC 平面"作为工作平面绘制草图，绘制的草图如图5-1-22所示。单击【完成草图】按钮，草图绘制完毕。

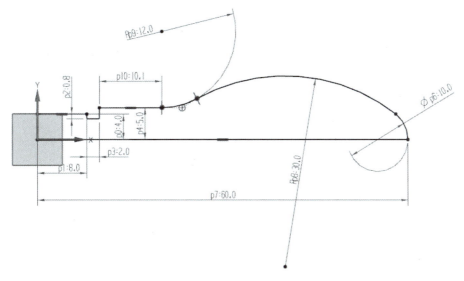

图5-1-22 草图

Step3 单击菜单栏中的【插入】|【设计特征】|【旋转】命令，或单击【特征】工具栏中的【旋转】按钮，弹出如图5-1-23所示的【旋转】对话框，选择如图5-1-22所示的草图。在【限制】选项组【开始】的【角度】和【结束】的【角度】文本框中分别输入"0"和"360"。单击【确定】按钮。创建的旋转特征如图5-1-24所示。

图 5-1-23 【旋转】对话框

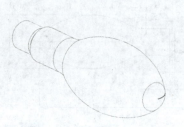

图 5-1-24 旋转特征

Step4 单击【特征】工具栏中的【倒斜角】按钮 ■，弹出【倒斜角】对话框，旋转两条边，在【偏置】选项组的【距离】文本框中输入"1"。单击【确定】按钮。创建的倒斜角特征如图 5-1-25 所示。

图 5-1-25 倒斜角特征

Step5 单击【特征】工具栏中的【螺纹】按钮 ■，弹出【螺纹】对话框。选取要创建螺纹的面，如图 5-1-26 所示。输入【详细】文本框各数据，如图 5-1-27 所示。单击【确定】按钮，完成螺纹特征创建。手柄如图 5-1-28 所示。

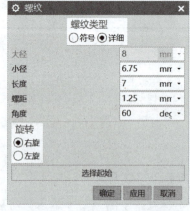

图 5-1-26 选取面

图 5-1-27 【螺纹】对话框

图 5-1-28 手柄

4. 零件4：支柱

支柱零件图如图 5-1-29 所示。

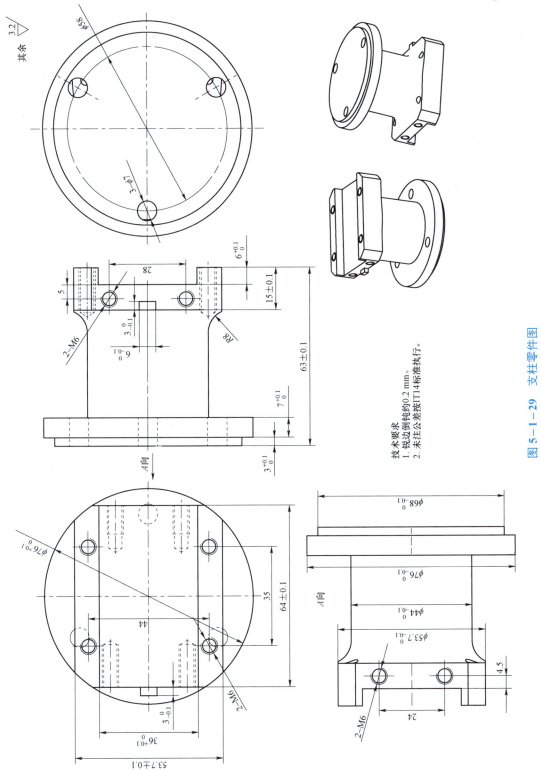

技术要求
1. 锐边倒钝约0.2 mm。
2. 未注公差按IT14标准执行。

图 5—1—29　支柱零件图

思路分析：首先利用选择特征创建圆形基体，然后利用拉伸特征创建支柱顶部，再利用【孔】命令创建圆孔，并利用阵列、镜像等功能对孔进行编辑，完成零件的创建。支柱创建流程如图 5-1-30 所示。

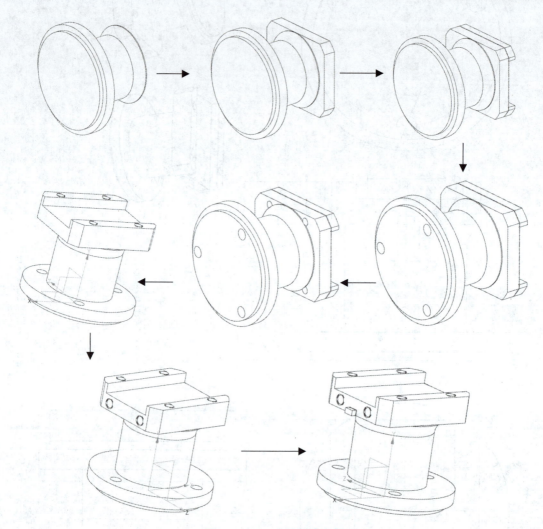

图 5-1-30　支柱创建流程

操作步骤如下。

Step1 单击菜单栏中的【文件】|【新建】命令，或单击【标准】工具栏中的【新建】按钮，弹出【新建】对话框。在【模板】列表框中选择【模型】选项，在【名称】文本框中输入"活动钳口"。单击【确定】按钮，进入 UG NX 主界面。

Step2 单击菜单栏中的【插入】|【草图】命令，或单击【特征】工具栏中的【草图】按钮，弹出【创建草图】对话框，如图 5-1-31 所示。单击【确定】按钮默认选择 "XC-YC 平面" 作为工作平面绘制草图，绘制的草图如图 5-1-32 所示。单击【完成草图】按钮，草图绘制完毕。

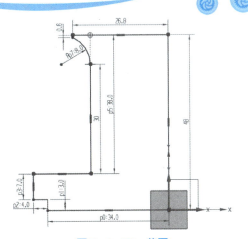

图 5-1-31　【创建草图】对话框　　　图 5-1-32　草图

Step3 单击菜单栏中的【插入】|【设计特征】|【旋转】命令，或单击【特征】工具栏中的【旋转】按钮，弹出如图 5-1-33 所示的【旋转】对话框，选择如图 5-1-34 所示的旋转矢量轴。在【限制】选项组中【开始】的【角度】和【结束】的【角度】文本框中分别输入 "0" 和 "360"。单击【确定】按钮。创建的旋转特征如图 5-1-35 所示。

图 5-1-33　【旋转】对话框　　　图 5-1-34　旋转矢量轴　　　图 5-1-35　旋转特征

Step4 单击菜单栏中的【插入】|【草图】命令，或单击【特征】工具栏中的【草图】按钮，进入草图绘制界面。选择如图 5-1-36 所示的平面作为工作平面绘制草图，绘制的草图如图 5-1-37 所示。单击【完成草图】按钮，草图绘制完毕。

Step5 单击菜单栏中的【插入】|【设计特征】|【拉伸】命令，或单击【特征】工具栏中的【拉伸】按钮，弹出【拉伸】对话框，选择如图 5-1-37 所示的草图。在【拉伸】对话框的【布尔（求和）】下拉列表中选择 "自动判断" 选项。在【限制】选项组中【开始】的【距离】和【结束】的【距离】文本框中分别输入 "0" 和 "9"，如图 5-1-38 所示。单击【确定】按钮。创建的拉伸特征如图 5-1-39 所示。

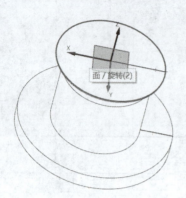

图 5−1−36 选择草图工作平面

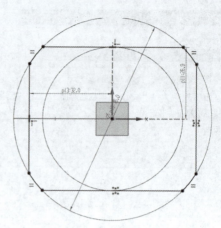

图 5−1−37 草图

图 5−1−38 【拉伸】对话框

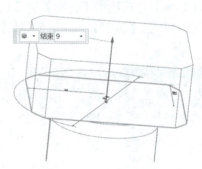

图 5−1−39 拉伸特征

Step6 单击菜单栏中的【插入】|【草图】命令，或单击【特征】工具栏中的【草图】按钮 ，进入草图绘制界面。选择如图 5−1−40 所示的平面作为工作平面绘制草图，绘制的草图如图 5−1−41 所示。单击【完成草图】按钮 ，草图绘制完毕。

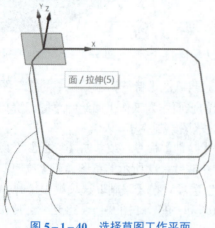

图 5−1−40 选择草图工作平面

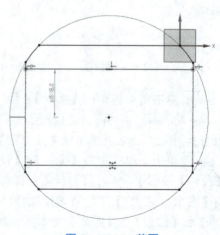

图 5−1−41 草图

Step7 单击菜单栏中的【插入】|【设计特征】|【拉伸】命令，或单击【特征】工具栏中的【拉伸】按钮，弹出【拉伸】对话框，选择如图5-1-41所示的草图。在【拉伸】对话框的【布尔（求和）】下拉列表中选择【自动判断】选项。在【限制】选项组中【开始】的【距离】和【结束】的【距离】文本框中分别输入"0"和"6"，如图5-1-42所示。单击【确定】按钮。创建的拉伸特征如图5-1-43所示。

图5-1-42 【拉伸】对话框

图5-1-43 拉伸特征

Step8 单击菜单栏中的【插入】|【设计特征】|【孔】命令，或单击【特征】工具栏中的【孔】按钮，进入孔创建界面。在【孔】对话框的【类型】下拉列表中选择【常规孔】选项，在【位置】对话框【指定点】后单击【绘制截面】按钮，进入【创建草图】对话框，【草图平面】选择如图5-1-43所示拉伸特征，指定点的位置如图5-1-44所示。单击【完成草图】按钮，草图绘制完毕。

在【形状和尺寸】中设置【尺寸】的【直径】为"7"、【尺寸】的【深度】为"10"，【布尔】选项选择【求差】，如图5-1-45所示。创建的常规孔特征如图5-1-46所示。

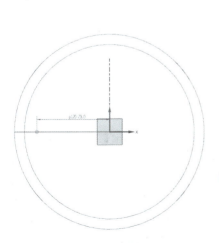

图5-1-44 指定点的位置

图5-1-45 【孔】对话框

图5-1-46 常规孔特征

Step9 单击【特征】工具栏中的【阵列特征】按钮，进入阵列特征创建界面。在【阵列特征】对话框的【选择特征】选择所需阵列的特征，如图5-1-47所示。

185

图 5-1-47 【阵列特征】对话框

在【阵列特征】对话框【布局】中选择【圆形】。【旋转轴】的【指定矢量】为 Y 轴,【指定点】为原点,【节距角】设置为"120"。单击【确定】按钮。创建的阵列特征如图 5-1-48 所示。

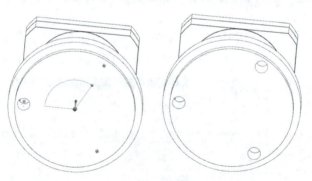

图 5-1-48 阵列特征

Step10 单击菜单栏中的【插入】|【设计特征】|【孔】命令,或单击【特征】工具栏中的【孔】按钮 ,进入孔创建界面。在【孔】对话框的【类型】下拉列表中选择【螺纹孔】选项,在【位置】对话框【指定点】后单击【绘制截面】按钮 ,进入【创建草图】对话框,【草图平面】选择如图 5-1-49 所示的截面,指定点的位置如图 5-1-50 所示,单击【完成草图】按钮 ,草图绘制完毕。在【形状和尺寸】中设置【螺纹尺寸】的【大小】为"M6×1.0"、【尺寸】的【深度】为"15",【布尔】选项为"求差",如图 5-1-51 所示。创建的螺纹孔特征如图 5-1-52 所示。

Step11 单击【特征】工具栏中的【阵列特征】按钮 ,进入阵列特征创建界面。在【阵列特征】对话框的【选择特征】选择所需阵列的特征。在【阵列特征】对话框【布局】中选择"线性"。设置【方向 1】的【指定矢量】的【数量】为"2"、【节距】为"35",如果方向相反则可设置为"－35";设置【方向 2】的【指定矢量】的【数量】为"2"、【节距】为"－44",如图 5－1－53 所示。单击【确定】按钮。创建的阵列特征如图 5－1－54 所示。

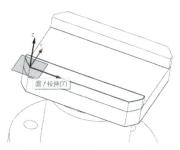

图 5－1－49　草图截面

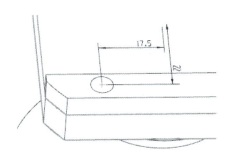

图 5－1－50　指定点的位置

图 5－1－51　【孔】对话框

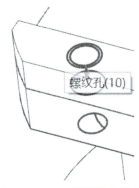

图 5－1－52　螺纹孔特征

Step12 单击菜单栏中的【插入】|【设计特征】|【孔】命令,或单击【特征】工具栏中的【孔】按钮 ,进入孔创建界面。在【孔】对话框的【类型】下拉列表中选择【螺纹孔】选项,在【位置】选项组【指定点】后单击【绘制截面】按钮 ,进入【创建草图】对话框,旋转【草图平面】,指定点的位置如图 5－1－55 所示,单击【完成草图】按钮 ,草图绘制完毕。在【形状和尺寸】中设置【螺纹尺寸】的【大小】为"M6×1.0"、【尺寸】的【深度】为"15",【布尔】选项为"求差",如图 5－1－56 所示。

Step13 单击【特征】工具栏中的【镜像特征】按钮 ,进入阵列特征创建界面。在【镜像特征】对话框的【选择特征】选项中选择所需镜像的特征,如图 5－1－57 所示。

图 5-1-53 【阵列特征】对话框

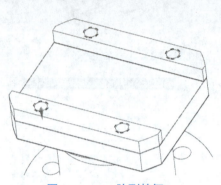

图 5-1-54 阵列特征

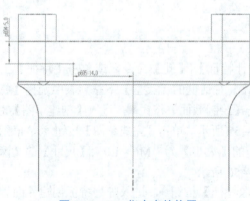

图 5-1-55 指定点的位置

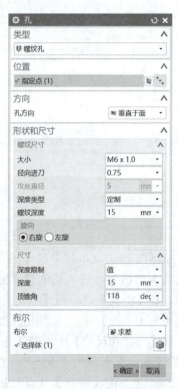

图 5-1-56 【孔】对话框

图 5-1-57 【镜像特征】对话框

在【镜像平面】选项组的【选择平面】中选择如图 5-1-58 所示的平面。单击【确定】按钮。创建的镜像特征如图 5-1-59 所示。

图 5-1-58 镜像平面

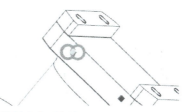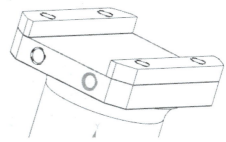

图 5-1-59 镜像特征

Step14 参照 Step12、Step13 的方法创建对面螺纹孔，如图 5-1-60 所示。

图 5-1-60 螺纹孔

Step15 参照拉伸特征创建方法完成图 5-1-61 的创建。

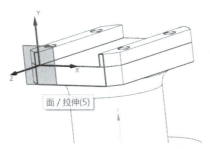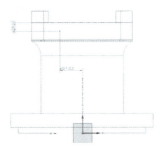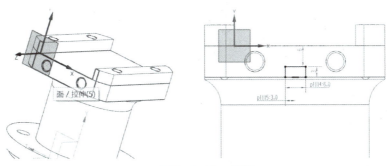

图 5-1-61 拉伸

189

任务总结

本任务通过 3 个典型实例介绍了 UG NX 建模的方法，创建草图平面、编辑曲线等基本操作，拉伸、回转、扫掠实体的创建方法，创建孔、键槽、抽壳、倒角、圆角等特征操作，以及求和、求差、阵列、镜像等特征操作。通过本任务的学习可以开拓创建思路，提高实体创建的基本技巧。

任务拓展

请完成如图 5－1－62 所示装配体中 3 个零件的建模，如图 5－1－63、图 5－1－64、图 5－1－65 所示。

图 5－1－62　装配体

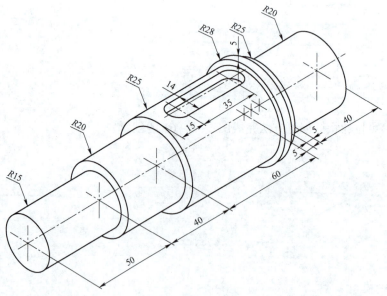

图 5－1－63　轴

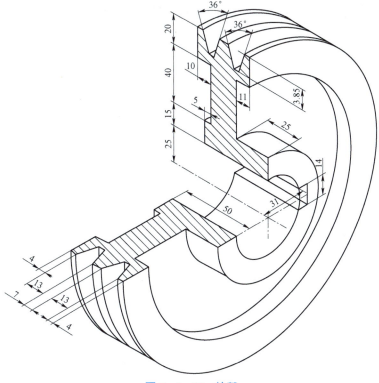

图 5−1−64　轮毂

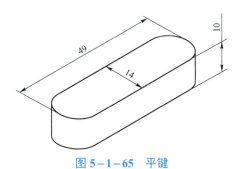

图 5−1−65　平键

任务 2　零件装配

任务目标

（1）掌握将零件或零件装配成装配体的方法。
（2）掌握添加零件之间的约束关系的方法。

（3）会进行简单装配体的构建，培养学生的观察能力和学以致用的能力。

任务分析

一个产品（组件）往往是由多个部件组合（装配）而成的。装配模块用来建立部件间的相对位置关系，从而形成复杂的装配体。部件间位置关系的确定主要通过添加约束实现。本任务主要将创建的虎钳各部位零件进行装配约束，让学生掌握创建装配的基本方法。

知识准备

UG NX 装配过程是在装配中建立部件之间的链接关系。它是通过关联条件在部件间建立约束关系来确定部件在产品中的位置。在装配中，部件的几何体是被装配引用，而不是复制到装配中。不管如何编辑部件和在何处编辑部件，整个装配部件保持关联性。如果某部件修改，则引用它的装配部件自动更新，反映部件的最新变化。

一、装配的概念

UG NX 装配模块不仅能快速组合零部件成为产品，而且在装配中，可参照其他部件进行部件关联设计，并可对装配模型进行间隙分析、质量管理等操作。装配模型生成后，可建立爆炸视图，并可将其引入装配工程图中；同时，在装配工程图中可自动产生装配明细表，并能对轴测图进行局部挖切。

二、装配的术语

（一）装配部件

装配部件是由零件和子装配构成的部件。在 UG NX 中允许向任何一个零件文件中添加部件构成装配，因此任何一个零件文件都可以作为装配部件。在 UG NX 中，零件和部件不必严格区分。需要注意的是，当存储一个装配时，各部件的实际几何数据并不是存储在装配部件文件中，而是存储在相应的部件（即零件文件）中。

（二）子装配

子装配是在高一级装配中被用作组件的装配，子装配也拥有自己的组件。子装配是一个相对的概念，任何一个装配部件可在更高级装配中用作子装配。

（三）组件对象

组件对象是一个从装配部件链接到部件主模型的指针实体。一个组件对象记录的信息有部件名称、层、颜色、线型、线宽、引用集和配对条件等。

（四）组件

组件是装配中由组件对象所指的部件文件。组件可以是单个部件（即零件）也可以是一个子装配。组件是由装配部件引用而不是将其复制到装配部件中。

（五）单个零件

单个零件是指在装配外存在的零件几何模型。它可以添加到一个装配中去，但它不能含有下级组件。

（六）自顶向下装配

自顶向下装配，是指在装配级中创建与其他部件相关的部件模型，它是在装配部件的顶级向下产生子装配和部件（即零件）的装配方法。

（七）自底向上装配

自底向上装配是先创建部件几何模型，再组合成子装配，最后生成装配部件的装配方法。

（八）混合装配

混合装配是将自顶向下装配和自底向上装配结合在一起的装配方法。例如，先创建几个主要部件模型，再将其装配在一起，然后在装配中设计其他部件，即为混合装配。在实际设计中，可根据需要在两种模式下切换。

（九）主模型

主模型（master model）是供 UG NX 模块共同引用的部件模型。同一主模型，可同时被工程图、装配、加工、机构分析和有限元分析等模块引用，当主模型修改时，相关应用自动更新，如有限元分析、工程图、装配和加工等应用都根据部件主模型的改变自动更新。

任务实施

操作步骤如下。 视频 14 虎钳的装配

Step1 单击【文件】|【新建】，在【新建】对话框中选择装配类型，新文件名为"虎钳.prt"。进入装配界面，出现【添加组件】对话框，如图 5-2-1 所示。

Step2 在【添加组件】对话框中单击【打开】按钮，选择底座零件图，在已加载部件中出现底座零件，【定位】方式为"绝对原点"，如图 5-2-2 所示。单击【应用】按钮，同时在装配导航器中出现【底座】选项，如图 5-2-3 所示，底座装配完成。

Step3 在【添加组件】对话框中单击【打开】按钮，选择支柱零件图，单击【OK】按钮，出现组件预览界面，如图 5-2-4 所示。【定位】方式选择"通过约束"，如图 5-2-5 所示。单击【应用】按钮，弹出如图 5-2-6 所示【装配约束】对话框。

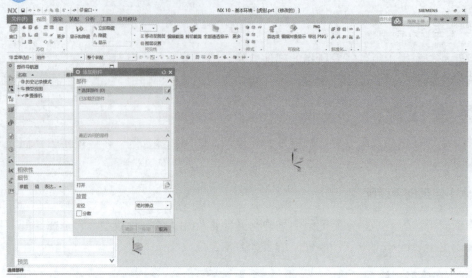

图 5-2-1　装配界面

图 5-2-2　【添加组件】对话框

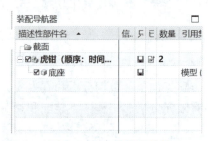

图 5-2-3　装配导航器

图 5-2-4　组件预览界面

图 5-2-5　"通过约束"定位

图 5-2-6　【装配约束】对话框

Step4 在【装配约束】对话框【要约束的几何体】选项组中选择【方位】为【自动判断中心/轴】，创建约束条件1：选择两个对象分别为如图 5-2-7 所示底座的圆柱面和支柱的圆柱面，自动约束对齐。

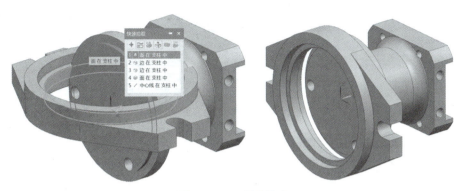

图 5-2-7　创建约束

Step5 创建约束条件2：选择两个对象分别为如图 5-2-8 所示底座的面和支柱的面，约束接触对齐。然后单击【确定】按钮，这时在【装配导航器】中的【约束】下同时出现【对齐】和【接触】两种约束条件，如图 5-2-9 所示。

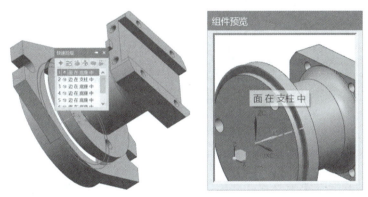

图 5-2-8　创建约束

图 5-2-9　约束条件

Step6 创建约束条件 3：选择两个对象分别为如图 5-2-10 所示底座的面和支柱的面，约束两平面平行。然后单击【确定】按钮。

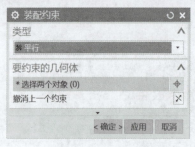

图 5-2-10　创建约束

Step7 在【添加组件】对话框中单击【打开】按钮，选择固定圈零件，单击【OK】按钮，【定位】方式选择【通过约束】，单击【应用】按钮，弹出【装配约束】对话框。在【装配约束】对话框【要约束的几何体】选项组中选择【方位】为"自动判断中心/轴"，创建约束条件 1：选择两个对象分别为如图 5-2-11 所示底座的圆柱面和支柱的圆柱面，自动约束对齐。

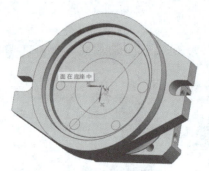

图 5-2-11　创建约束

Step8 在【装配约束】对话框【要约束的几何体】选项组中选择【方位】为"自动判断中心/轴"，创建约束条件 2：选择两个对象分别为如图 5-2-12 所示底座的圆柱面和支柱的圆柱面，自动约束对齐。

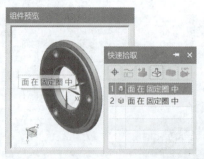

图 5-2-12　创建约束

Step9 在【装配约束】对话框【要约束的几何体】选项组中选择【方位】为"自动判断中心/轴"，创建约束条件 3：选择两个对象分别为如图 5-2-13 所示底座的面和支柱的面，自动约束对齐。然后单击【确定】按钮，完成固定圈的约束。

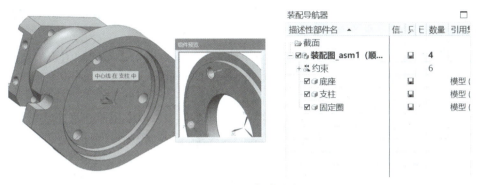

图5－2－13　创建约束

Step10 在【添加组件】对话框中单击【打开】按钮，选择固定钳口零件图，单击【OK】按钮，出现组件预览界面。【定位】选择【通过约束】，单击【应用】按钮，弹出【装配约束】对话框。在【装配约束】对话框【要约束的几何体】选项组中选择【方位】为"自动判断中心/轴"，创建约束条件1：选择两个对象分别为如图5－2－14所示支柱的平面和固定钳口的平面，自动约束对齐。

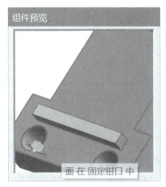

图5－2－14　创建约束

Step11 在【装配约束】对话框【要约束的几何体】选项组中选择【方位】为"自动判断中心/轴"，创建约束条件2：选择两个对象分别为如图5－2－15所示支柱的平面和固定钳口的平面，自动约束对齐。

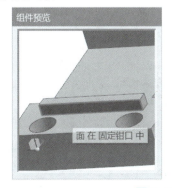

图5－2－15　创建约束

197

Step12 在【装配约束】对话框【要约束的几何体】选项组中选择【方位】为"自动判断中心/轴",创建约束条件3：选择两个对象分别为如图5-2-16所示固定钳口孔的圆柱面和支柱孔的中心线,自动约束对齐。

图5-2-16　创建约束

Step13 在【添加组件】对话框中单击【打开】按钮，选择固定钳口零件图，单击【OK】按钮,出现组件预览界面。【定位】选择【通过约束】,单击【应用】按钮,弹出【装配约束】对话框。在【装配约束】对话框【要约束的几何体】选项组中选择【方位】为"自动判断中心/轴",创建约束条件1：选择两个对象分别为如图5-2-17所示支柱的平面和支架的平面,自动约束对齐。

图5-2-17　创建约束

Step14 在【装配约束】对话框【要约束的几何体】选项组中选择【方位】为"自动判断中心/轴",创建约束条件2：选择两个对象分别为如图5-2-18所示支柱的平面和支架的平面,自动约束对齐。

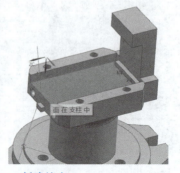

图5-2-18　创建约束

Step15 在【装配约束】对话框【要约束的几何体】选项中选择【方位】为"自动判断中心/轴",创建约束条件3:选择两个对象分别为如图5-2-19所示支柱的平面和支架的平面,自动约束对齐。

图 5-2-19　创建约束

Step16 在【添加组件】对话框中单击【打开】按钮，选择螺杆零件图,单击【OK】按钮,出现组件预览界面。【定位】选择"通过约束",单击【应用】按钮,弹出【装配约束】对话框。在【装配约束】对话框【要约束的几何体】选项组中选择【方位】为"自动判断中心/轴",创建约束条件1:选择两个对象分别为如图5-2-20所示螺杆中的面和支架的面,自动约束对齐。

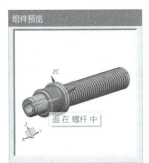

图 5-2-20　创建约束

Step17 在【装配约束】对话框【要约束的几何体】选项组中选择【方位】为"自动判断中心/轴",创建约束条件2:选择两个对象分别为如图5-2-21所示螺杆中的面和支架的面,自动约束对齐。

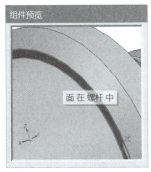

图 5-2-21　创建约束

Step18 在【装配约束】对话框【类型】中选择【平行】约束：选择两个对象分别为固定钳口的顶面和螺杆的顶面，自动约束对齐，如图 5-2-22 所示。

Step19 在【添加组件】对话框中单击【打开】按钮，选择活动钳口零件图，单击【OK】按钮，出现组件预览界面。【定位】选择"通过约束"，单击【应用】按钮，弹出【装配约束】对话框。在【装配约束】对话框【要约束的几何体】选项中选择【方位】为"自动判断中心/轴"，创建约束条件 1：选择两个对象分别为如图 5-2-23 所示活动钳口的底面和支柱的面，自动约束对齐。

图 5-2-22 平行约束

图 5-2-23 创建约束

Step20 在【装配约束】对话框【要约束的几何体】选项中选择【方位】为"自动判断中心/轴"，创建约束条件 2：选择两个对象分别为如图 5-2-24 所示活动钳口孔的中心线和螺杆的中心线，自动约束对齐。完成约束如图 5-2-25 所示。

图 5-2-24 创建约束

图 5-2-25 完成约束

Step21 单击【移动组件】按钮，弹出【移动组件】对话框，选择活动钳口，【运动】形式为"距离"，【指定矢量】选择"XC 轴"，【距离】设置为"20"，如图 5-2-26 所示，将活动钳口移至合适位置，如图 5-2-27 所示。

图 5-2-26 【移动组件】对话框

图 5-2-27 移动组件

Step22 在【添加组件】对话框中单击【打开】按钮 ，选择盖板零件图，单击【OK】按钮，出现组件预览界面。【定位】选择"通过约束"，单击【应用】按钮，弹出【装配约束】对话框。在【装配约束】对话框【要约束的几何体】选项组中选择【方位】为"自动判断中心/轴"，创建约束条件 1：选择两个对象分别为如图 5-2-28 所示盖板的底面和支柱的面，自动约束对齐。

图 5-2-28　创建约束

Step23 在【装配约束】对话框【要约束的几何体】选项组中选择【方位】为"自动判断中心/轴"，创建约束条件 2：选择两个对象分别为如图 5-2-29 所示盖板的底面和支柱的面，自动约束对齐。

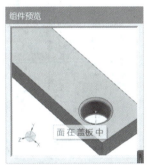

图 5-2-29　创建约束

Step24 在【装配约束】对话框【要约束的几何体】选项组中选择【方位】为"自动判断中心/轴"，创建约束条件 3：选择两个对象分别为如图 5-2-30 所示盖板的孔面和支柱的孔面，自动约束对齐。

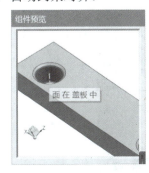

图 5-2-30　创建约束

Step25 同 Step24，完成对盖板面的装配，如图 5-2-31 所示。

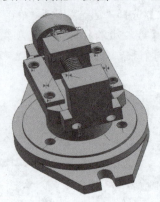

图 5-2-31　完成装配

Step26 在【添加组件】对话框中单击【打开】按钮 ，选择挡圈零件图，单击【OK】按钮，出现组件预览界面。【定位】选择【通过约束】，单击【应用】按钮，弹出【装配约束】对话框。在【装配约束】对话框【要约束的几何体】选项组中选择【方位】为"自动判断中心/轴"，创建约束条件 1：选择两个对象分别为如图 5-2-32 所示挡圈的中心线和螺杆的中心线，自动约束对齐。

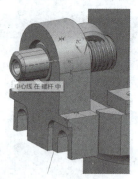

图 5-2-32　创建约束

Step27 在【装配约束】对话框【要约束的几何体】选项组中选择【方位】为"自动判断中心/轴"，创建约束条件 2：选择两个对象分别为如图 5-2-33 所示挡圈的面和螺杆的面，自动约束对齐。

图 5-2-33　创建约束

Step28 在【添加组件】对话框中单击【打开】按钮，选择连杆零件图，单击【OK】按钮，出现组件预览界面。【定位】选择【通过约束】，单击【应用】按钮，弹出【装配约束】对话框。在【装配约束】对话框【要约束的几何体】选项组中选择【方位】为"自动判断中心/轴"，创建约束条件 1：选择两个对象分别为如图 5−2−34 所示连杆中心孔的面和螺杆孔的面，自动约束对齐。

图 5−2−34　创建约束

Step29 在【装配约束】对话框【要约束的几何体】选项组中选择【方位】为"自动判断中心/轴"，创建约束条件 2：选择两个对象分别为如图 5−2−35 所示连杆的平面和螺杆孔的面，自动约束对齐。

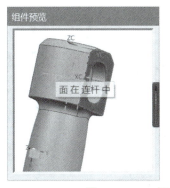

图 5−2−35　创建约束

Step30 在【装配约束】对话框【类型】中选择【平行】约束：选择两个对象分别为如图 5−2−36 所示连杆的顶面和活动钳口的顶面，自动约束对齐。

图 5−2−36　平行约束

Step31 在【添加组件】对话框中单击【打开】按钮，选择手柄零件图，单击【OK】按钮，出现组件预览界面。【定位】选择"通过约束"，单击【应用】按钮，弹出【装配约束】对话框。在【装配约束】对话框【要约束的几何体】选项组中选择【方位】为"自动判断中心/轴"，创建约束条件 1：选择两个对象分别为如图 5-2-37 所示手柄的中心线和连杆的中心线，自动约束对齐。

图 5-2-37　创建约束

Step32 在【装配约束】对话框【要约束的几何体】选项组中选择【方位】为【自动判断中心/轴】，创建约束条件 2：选择两个对象分别为如图 5-2-38 所示手柄的面和连杆的面，自动约束对齐。

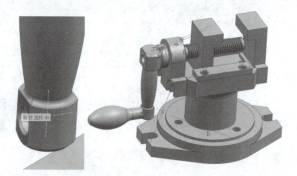

图 5-2-38　创建约束

任务总结

至此，虎钳装配已创建完毕。此任务属于将零件组装成装配体的过程。在装配的过程中，装配方式是比较灵活的，可以先绘制零件，再完成组装；也可先绘制装配体，再逐个拆分出单个的零件。希望学生可以不拘泥于一种方法，学会灵活多变地运用。

任务拓展

请运用项目五、任务 1 的任务拓展中的零件，完成如图 5-2-39 所示装配体的创建。

图 5－2－39　装配体

任务 3　虎钳工程图创建

任务目标

（1）掌握创建零件工程图的方法。
（2）熟悉标注工程图尺寸的方法。
（3）掌握标注技术要求的方法。

任务分析

　　在 UG NX 工程图应用模块中，可以创建并修改制图、图上的视图、几何体、尺寸和其他各类制图注释，并且该模块还支持许多国际标准。工程图应用模块提供了与在建模模块中所创建的实体模型完全相关的视图数据，实体模型的任何改变都会立即反映在该模型的二维图上。同时制图对象，如尺寸和文本注释等，都基于它们所创建的几何形状并与之相关，只要图上的几何形状发生变换，由这些几何形状产生的所有尺寸和制图对象也随之相应地改变。

　　利用 UG NX 的 modeling（实体建模）功能创建的零件和装配模型，可以引用到 UG NX 的 drafting（工程图）功能中，快速地生成二维工程图样。由于 UG NX 的 drafting 功能所建立的二维工程图是投影三维实体模型得到的，二维工程图与三维实体模型是完全关联的，实体模型的尺寸、形状和位置的任何改变，都会引起二维工程图作出相应变化。

　　本任务以任务 1 虎钳装配体中的零件底座、支架等工程图的创建为例，介绍 UG NX 工程图的建立和编辑方法，包括工程图管理、添加视图、编辑视图、标注尺寸、形位公差和表面粗糙度及输入文本和输出工程图等内容。

知识准备

工程图是工程界的"技术交流语言"，在产品的研发、设计和制造等过程中，各类技术人员需要经常进行交流和沟通，工程图则是经常使用的交流工具。尽管随着科学技术的发展，3D 设计技术有了很大的发展与进步，但是三维模型并不能将所有的设计信息表达清楚，有些信息如尺寸公差、形位公差和表面粗糙度等，仍然需要借助二维的工程图将其表达清楚。因此工程图制图是产品设计中的较为重要的环节，也是设计人员最基本的能力要求。

利用 UG NX 的实体建模模块创建的零件和装配体主模型，可以引用到 UG NX 的工程图模块中，通过投影可快速地生成二维工程图。由于 UG NX 的工程图功能是基于创建三维实体模型的投影所得到的，因此工程图与三维实体模型是完全相关的，实体模型进行的任何编辑操作，都会在三维工程图中引起相应的变化。

一、工程图的创建与编辑

（一）工程图的创建

进入工程图功能时，系统会默认设置，自动新建一张工程图，其图名默认为"SH1"。系统生成工程图中的设置不一定理想，因此，在添加视图前，用户最好新建一张工程图，按输出三维实体的要求，来指定工程图的名称、图幅大小、绘图单位、视图比例和投影角度等工程图参数。

在工具图标栏中单击【新建】按钮，会弹出【新建工程图】对话框。在该对话框中，输入图样名称、指定图样尺寸、比例、投影角度和单位等参数后，即可完成新建工程图的工作。这时在绘图工作区中会显示新设置的工程图，其工程图名称显示于绘图工作区左下角的位置。

（二）打开工程图

选择【文件】|【打开】选项。在弹出的【文件】对话框中，导航到保存有工程图的文件夹，选择相应的工程图文件，单击【打开】按钮，即可打开工程图。

（三）删除工程图

在 UG NX 文件中，使用鼠标选择想要删除的断面图或其他工程图元素。选中要删除的图纸或元素后，按下键盘上的【Delete】键，或者通过右键单击并选择【删除】，以永久删除选中的图纸或元素。

（四）编辑工程图

UG 编辑工程图主要包括图框编辑、基本视图、剖视图、尺寸标注、表面粗糙度标注、表格编辑、文本编辑等命令的操作方法。

二、视图的创建与管理

（一）添加视图

选择菜单命令图纸，添加视图，会弹出【添加视图】对话框。该对话框上部的图标选项用于指定添加视图的类型；对话框中部是可变显示区，用户选取的添加视图类型不同时，其中显示的选项也有所区别；对话框下部是与添加视图类型相对应的参数设置选项。利用该对话框，用户可在工程图中添加模型视图、投影视图、向视图、局部放大图和各类剖视图。

1. 利用输入视图功能建立基准视图

在空白的图纸上建立的第一个视图称为基准视图，基准视图可以是任意的模型定位视图。

2. 产生正交投影视图

由某一选取视图可以在其正交的四个方向上产生投影视图。

3. 建立辅助视图

辅助视图用于表示非正交方向上的投影视图，视图投影方向垂直于所定义的翻转线（hinge line）。建立步骤如下。

（1）选取某一视图作为父视图。

（2）利用向量功能指定翻转线，翻转线可以在任何视图内，但父视图确定翻转线的方位。

（3）拖动鼠标到图形窗口，视图会在垂直于翻转线的方向上移动，选择适当的位置放置辅助视图。

4. 建立局部详细视图

局部视图功能可以产生圆形或矩形的局部详细视图。建立步骤如下。

（1）选择局部视图图标，输入视图比例。

（2）打开【圆形边界】选项；定义圆心（局部视图中心）和圆上一点画一个圆，然后移动光标到图纸适当位置放置视图。

（3）如果产生矩形局部视图，则需要选取一个父视图，然后拖动鼠标产生一矩形区域，释放鼠标，并移动光标到图纸适当位置放置视图。

5. 简易剖视图

通过定义一个平面将零件分割并指定视图方向产生剖视图。建立步骤如下。

（1）选择要做剖视的父视图。

（2）利用向量功能定义剖视图的翻转线，系统显示剖视图的方向，可以利用"reverse vector"选项切换投影方向。

（3）单击【Apply】按钮，系统显示定义剖切线对话框。

（4）指定要做剖视的位置点（可以利用锁点模式辅助选取）。

（5）单击【OK】按钮，移动光标到图纸适当位置放置视图。

6. 阶梯剖视图

通过建立线性阶梯状剖切线产生阶梯剖视图。需要指定多个剖切线、转角线和箭头，且所有转角线和箭头必须与相邻的剖切线垂直。建立步骤与简易剖视图的建立步骤相同。

7. 半剖视图

使视图一半为剖视图，另一半为正常视图。

8. 旋转剖视图

旋转剖视图是绕着一根轴来旋转建立剖面视图。建立步骤如下。

（1）选择要做剖视的父视图。

（2）利用向量功能定义剖视图的翻转线，系统显示剖视图的方向。

（3）单击【Apply】按钮，系统显示定义剖切线对话框。

（4）定义旋转中心点。

（5）对于第一个支脚（leg），利用剖切选项和转角选项定义剖切位置和转角位置。

（6）选择下一个支脚（next leg）选项，利用同样方法定义第 2 个支脚。

（7）单击【OK】按钮，移动光标到图纸适当位置放置视图。

（二）尺寸标注

尺寸标注用于标识对象的尺寸大小。由于 UG NX 工程图模块和三维实体造型模块是完全关联的，因此，在工程图中标注尺寸就是直接引用三维模型的尺寸。如果三维模型被修改，工程图中的相应尺寸会自动更新，从而保证了工程图与模型的一致性。

标注尺寸时，根据所要标注的尺寸类型，先在尺寸类型图标中选择对应的图标，接着用点和线位置选项设置选择对象的类型，再选择尺寸放置方式和箭头、延长的显示类型。如果需要附加文本，则要设置附加文本的放置方式和输入文本内容；如果需要标注公差，则要选择公差类型和输入上下偏差。完成这些设置以后，将鼠标移到视图中，选择要标注的对象，并拖动标注尺寸到理想的位置，系统即在指定位置创建一个尺寸的标注。下面介绍一下【尺寸标注】对话框中部分选项的用法。

【尺寸类型】选项组用于选取尺寸标志的标注样式和标注符号。在标注尺寸前，首先要选择尺寸的类型。该选项组中包含了 14 种类型的尺寸标注方式，部分尺寸标注方式的用法如下。

快速：由系统自动推断选用哪种尺寸标注类型进行尺寸标注。

线性：用于标注工程图中所选对象间的水平、垂直尺寸。

径向：用于标注工程图中所选圆或圆弧的半径尺寸，但标注不过圆心。

倒斜角：用于标注工程图中倒角的尺寸。

角度：用于标注工程图中所选两直线之间的角度。

（1）角度是沿逆时针方向从第一个对象指向第 2 个对象。

（2）尺寸的位置取决于选取的点的位置。

（三）文本注释的标注

文本注释都是要通过注释编辑器来标注的，在工具图标栏中单击【注释】按钮 或选择菜单栏中【插入】|【注释】命令，会弹出【注释编辑器】对话框。

在标注文本注释时，根据标注内容，首先设置这些文本注释的参数选项，如文本的字型、颜色、字体的大小、粗体或斜体的方式、文本角度、文本行距和是否垂直放置文本。然后在编辑窗口中输入文本的内容，输入的文本会在预览窗口中显示。如果输入的内容不合要求，可再在编辑窗口中对输入的内容进行修改。输入文本注释后，在【注释编辑器】对话框下部选择一种定位文本的方式，按前述定位方法，将文本定位到视图中。

如果要修改已存在的文本注释内容，可先在视图中选择要修改的文本。所选文本会显示于文本编辑器中，用户再根据需要修改相应的参数即可。

（四）形位公差的标注

当要在视图中标注形位公差时，单击【特征控制框】按钮 ，弹出【特征控制框】对话框。首先要选择公差框架格式，可根据需要选择单个框架或组合框架。然后选择形位公差项目符号，并输入公差数值和选择公差的标准。如果是位置公差，还应选择参考线和基准符号。设置后的公差框会在预览窗口中显示，如果不符合要求，可在编辑窗口中进行修改。完成公差框设置以后，在特征控制框原点指定位置将形位公差框定位在视图中。

如果要编辑已存在的形位公差符号，可在视图中直接双击要编辑的公差符号。所选符号在视图中会加亮显示，其内容也会显示在特征控制框的编辑窗口中，用户可对其进行修改。

（五）表面粗糙度的标注

当要在视图中标注表面粗糙度时，单击【表面粗糙度】按钮 √，弹出【表面粗糙度】对话框。标注表面粗糙度时，先在对话框上部选择表面粗糙度符号类型，再在对话框的可变显示区中依次设置该粗糙度类型的单位、文本尺寸和相关参数，如果需要还可以在括号下拉列表框中选择括号类型。在指定各参数后，再在对话框下部指定粗糙度符号的方向和选择与粗糙度符号关联的对象类型，最后在绘图工作区中选择指定类型的对象，确定标注粗糙度符号的位置，系统就可按设置的要求标注表面粗糙度符号。

任务实施

视频 15　底座工程图创建

1. 工程图 1：底座
操作步骤如下。

Step1 单击【文件】|【新建】按钮，在【新建】对话框中选择【图纸】，【过滤器】的【关系】选择【引用现有部件】，选择【A3－无视图】图纸，单击【打开】按钮 ，选择要创建图纸的部件为底座，弹出默认新文件名为"底座－dwg1.prt"，如图 5－3－1 所示。单击【确定】按钮，进入 UG NX 工程图界面，出现【视图创建向导】对话框。单击【方向】选项组，选择俯视图，则在绘图区域出现俯视图，如图 5－3－2 所示，然后单击【完成】按钮。

Step2 创建全剖视图为主视图。单击【剖视图】按钮 ，弹出【剖视图】对话框，单击俯视图圆弧中心，如图 5－3－3 所示。鼠标向上拖动，将视图放置到合适位置，完成全剖视图的创建，如图 5－3－4 所示。

Step3 单击【快速尺寸】按钮 ，弹出【快速尺寸】对话框，如图 5－3－5 所示。选择尺寸对象，创建如图 5－3－6 所示尺寸。

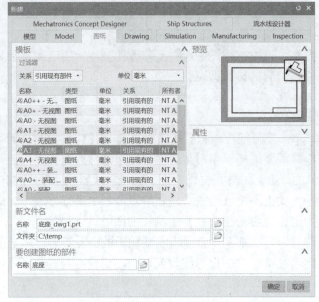

图 5-3-1 【新建】对话框

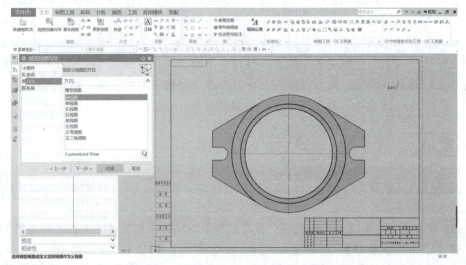

图 5-3-2 俯视图

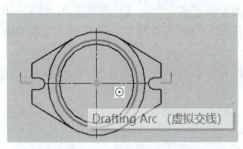

图 5-3-3 创建全剖视图

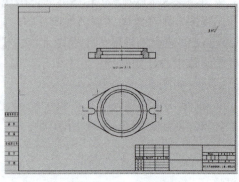

图 5-3-4 全剖视图

图 5-3-5 【快速尺寸】对话框

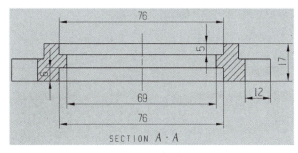

图 5-3-6 创建尺寸

Step4 双击尺寸"76"，弹出线性【尺寸编辑】对话框，如图 5-3-7 所示。单击【附加文本】按钮 ，弹出【附加文本】对话框，如图 5-3-8 所示。单击【符号】下拉按钮，在列表框中选择直径图标，如图 5-3-9 所示。直径尺寸设置完成后，单击【关闭】按钮。按同样步骤完成其余直径尺寸的设置，如图 5-3-10 所示。

图 5-3-7 【尺寸编辑】对话框

图 5-3-8 【附加文本】对话框

图 5-3-9 【符号】选项组

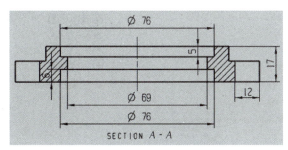

图 5-3-10 完成设置

Step5 双击尺寸"76"，弹出线性【尺寸编辑】对话框。单击【设置】按钮 ，弹出【设置】对话框，单击【公差】选项组，如图 5-3-11 所示，选择【类型】为【单项正公差】，设置【公差上限】为"0.1"。单击【关闭】按钮。按同样步骤完成其余尺寸公差的设置，如

图 5 - 3 - 12 所示。

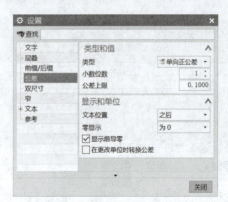

图 5 - 3 - 11 【设置】对话框

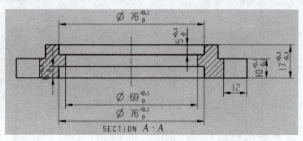

图 5 - 3 - 12 完成尺寸公差的设置

Step6 单击【注释】按钮 A，弹出【注释】对话框，在【文本输入】中输入技术要求，选择合适位置放置，如图 5 - 3 - 13 所示。

Step7 按 CTRL + L 快捷键，打开【图层设置】对话框，把图框所在的层设置成可操作，如图 5 - 3 - 14 所示。单击【关闭】按钮，然后双击【需要】标题栏中需要修改的表格，输入文本，如图 5 - 3 - 15 所示，完成底座工程图的创建。

图 5 - 3 - 13 【注释】对话框

2. 工程图 2：支架

操作步骤如下。

Step1 单击【文件】|【新建】按钮，在【新建】对话框中选择【图纸】，【过滤器】的【关系】选择【引用现有部件】，选择【A3 - 无视图】图纸，单击【打开】按钮 🗁，选择要创建图纸的部件为支架座，弹出默认新文件名为"支架 - dwg1.prt"，如图 5 - 3 - 16 所示。单击【确定】按钮，进入 UG NX 工程图界面，出现【视图创建向导】对话框，单击【方向】选项组，选择俯视图，则在绘图区域出现俯视图，然后单击【完成】按钮。

图 5 - 3 - 14 【图层设置】对话框

视频 16 支架工程图创建

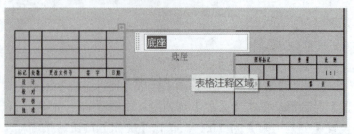

图 5 - 3 - 15 输入文本

Step2 在图纸页上右击，选择编辑图纸页，进入【图纸页】对话框，设置【比例】为"2∶1"，如图5−3−17所示。

Step3 单击【截面线】按钮，弹出【截面线】对话框，选择主视图。定义截面线如图5−3−18所示。单击【完成草图】按钮。在【截面线】对话框【剖切方法】选项组中将【方法】设置为"简单剖/阶梯剖"，方向为"反向"，如图5−3−19所示，然后单击【确定】按钮。

Step4 单击【剖视图】按钮，弹出【剖视图】对话框，将截面线【定义】为"选择现有的"。单击绘制的截面线，鼠标向右拖动，将视图放置到合适位置，完成阶梯剖视图的创建，如图5−3−20所示，然后将剖视图移至下方。

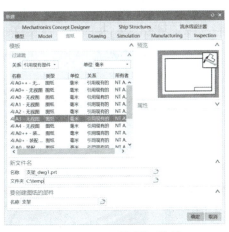

图5−3−16　【新建】对话框

图5−3−17　【图纸页】对话框

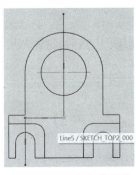

图5−3−18　定义截面线

图5−3−19　【截面线】对话框

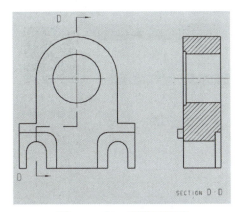

图5−3−20　阶梯剖视图

Step5 单击【投影视图】按钮，弹出【投影视图】对话框，创建如图5−3−21所示投影视图。采用同样方法创建如图5−3−22所示投影视图。

Step6 利用之前所学方法创建如图5−3−23所示剖视图，完成视图的放置。

Step7 参考底座尺寸创建方法，创建完成支架尺寸。

Step8 单击【注释】按钮，弹出【注释】对话框，在【文本输入】中输入技术要求，选择合适位置放置。

Step9 按CTRL+L快捷键，打开【图层设置】对话框，把图框所在的层设置成可操作。单击【关闭】按钮，然后双击【需要】标题栏中需要修改的表格，输入文本，完成支架工程图的创建。

213

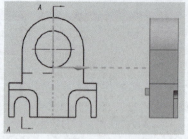

图 5-3-21 投影视图

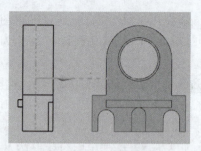

图 5-3-22 投影视图

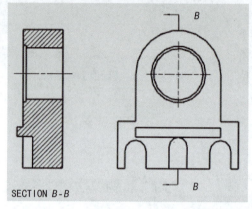

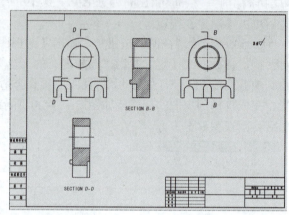

图 5-3-23 完成视图

3. 工程图 3：虎钳装配图

操作步骤如下。

Step1 单击【文件】|【新建】按钮，在【新建】对话框中选择【图纸】，【过滤器】的【关系】选择【引用现有部件】，选择【A3-无视图】图纸，单击【打开】按钮📄，选择要创建图纸的部件为虎钳，弹出默认新文件名为"虎钳-dwg1.prt"，如图 5-3-24 所示。单击【确定】按钮，进入 UG NX 工程图界面，出现【视图创建向导】对话框，单击【方向】选项组，选择前视图，则在绘图区域出现前视图，如图 5-3-25 所示，然后单击【完成】按钮。

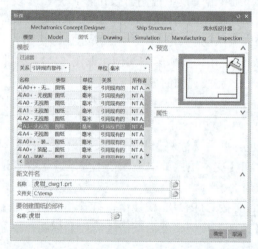

视频 17 虎钳装配图
工程图创建

图 5-3-24 【新建】对话框

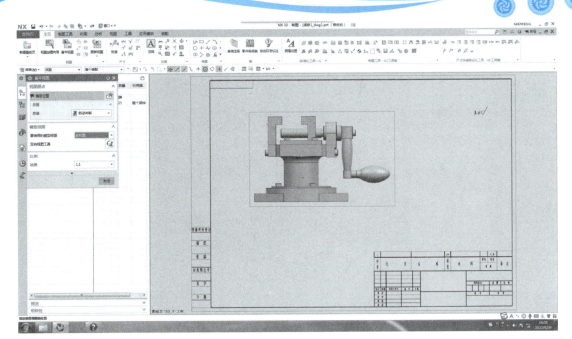

图 5-3-25　前视图

Step2 单击【剖视图】按钮，弹出【剖视图】对话框，单击俯视图圆弧中心，鼠标向上拖动，将视图放到合适位置，完成全剖视图的创建，如图 5-3-26 所示。

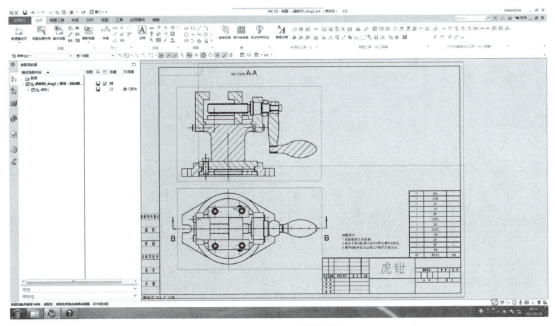

图 5-3-26　全剖视图

Step3 单击【符号标注】按钮，弹出【符号标注】对话框，选择注释对象，创建如图 5-3-27 所示符号标注。

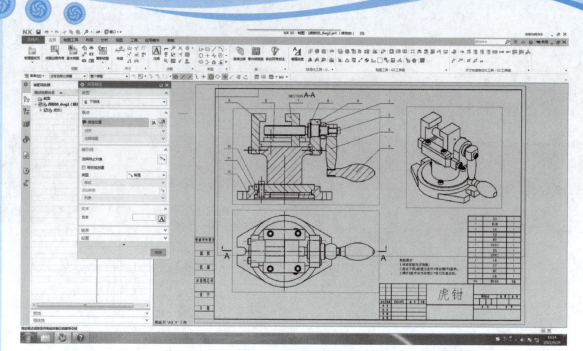

图 5-3-27 创建符号标注

Step4 单击【明细表】按钮 ▦，出现明细表，选择合适位置放置，如图 5-3-28 所示。

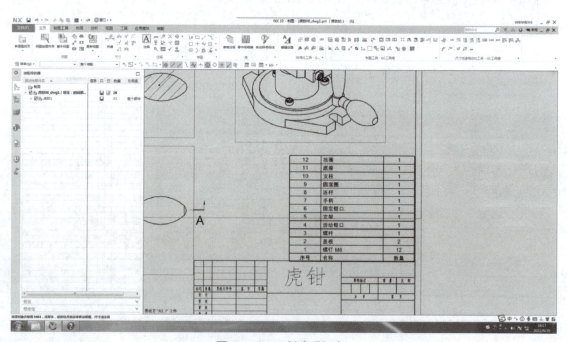

图 5-3-28 创建明细表

Step5 单击【注释】按钮 Ａ，弹出【注释】对话框，在【文本输入】中输入技术要求，选择合适位置放置，如图 5-3-29 所示。

图 5-3-29 【注释】对话框

Step6 按 CTRL+L 快捷键，打开【图层设置】对话框，把图框所在的层设置成可操作，如图 5-3-30 所示。单击【关闭】按钮，然后双击【需要】标题栏中需要修改的表格，输入文本，如图 5-3-31 所示，完成虎钳装配工程图的创建。

图 5-3-30 【图层设置】对话框

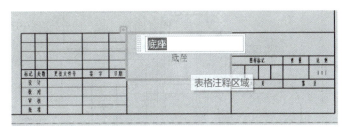

图 5-3-31 输入文本

任务总结

至此，虎钳装配工程图的创建已经完成。此任务属于由三维造型到二维制图的过程。在绘制过程中，大家要认真细致，一些技术参数要查阅国标及相关的技术手册，机械设计来不得半点马虎。

任务拓展

请依据工程图的创建方法，完成如图 5-3-32 所示轴的建模及工程图。

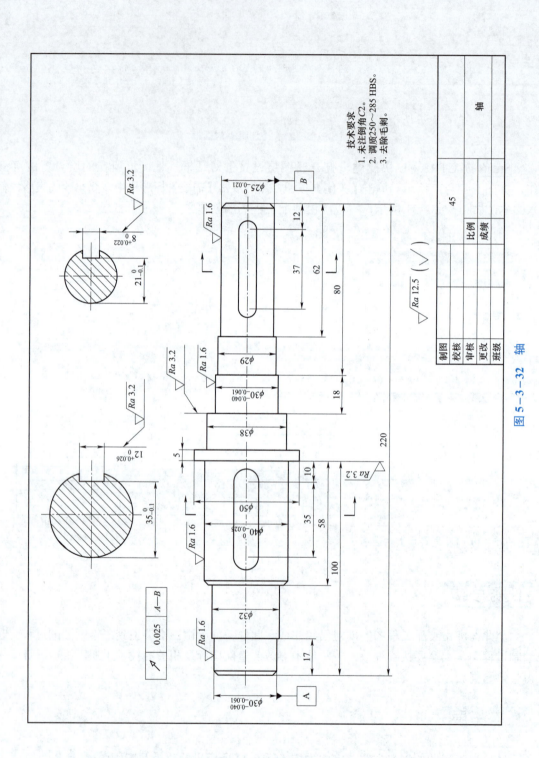

图 5-3-32 轴

项目评价

评价内容					学生姓名				评价日期			
评价项目	学生自评				生生互评				教师评价			
	优	良	中	差	优	良	中	差	优	良	中	差
课堂表现												
回答问题												
作业态度												
知识掌握												
综合评价			寄语									

项目六
游戏手柄上壳的模具设计

游戏手柄上壳的模具

　　模具是工业生产中应用极为广泛的工装设备，其成型产品涵盖家用电器、仪器仪表、建筑器材、汽车工业和日用五金等诸多领域。模具生产技术的高低，已成为衡量一个国家产品制造业水平高低的重要标志。

　　模具设计中，单分型面模具的设计是最基本且必须掌握的基本技能，本项目以游戏手柄上壳产品为依托，产品材料要求为 ABS，产量需求为小批量生产，产品表面要求光滑无毛刺。

项目工作场景

此项目为某模具精密制造有限公司承接项目。项目实施涉及模具设计，需要设计部门首先组织人员完成此项任务。

方 案 设 计

设计人员依据产品材料、产量、产品表面质量等要求，按照设计准备、分型面设计以及型腔分割三个任务顺序进行模具的设计。

相 关 知 识 和 技 能

● 掌握分模设计的思路和一般流程，能够根据产品模型的形状和结构，为其创建分型线、分型面，以及型腔和型芯。
● 掌握修补模型破孔、槽等常用模具修补工具的使用方法。
● 了解各种分型的方法，会及时调整分型面的创建。

任务 1　游戏手柄上壳模具设计的准备

任务目标

（1）了解模具设计的一般流程。
（2）了解模具设计准备过程中的注意事项。
（3）NX 软件注塑模向导模块中设计准备按钮的认识。

任务分析

模具设计与制造是涵盖领域较广、涉及专业知识较多的一门专业。CAD/CAM/CAE 技术的出现，在提高生产率、改善质量、降低成本、减轻劳动强度等方面，与传统的模具设计制造方法相比，优越性不可比拟。本任务主要介绍模具设计的一般流程以及模具设计时应注意的问题，以游戏手柄上壳模具设计过程引导学生初步学会单分型面注塑模具的设计方法，为项目的实施开展打下基础。

知识准备

一、注塑成型模具的种类

（一）注塑成型模具的定义

塑料注射成型所用的模具称为注塑成型模具，简称为注塑模。对于注塑加工来讲，模具对塑件的质量影响是非常大的，如果对模具没有充分的了解，设计出的模具将很难注塑出优良的制件。

（二）注塑成型模具的分类

注塑成型模具的分类方法有很多，按照塑料制品的原材料性能和成型方法，可把塑料模分为以下两大类。

（1）热固性塑料模：主要用于酚醛塑料、三聚氰胺树脂等各种胶木粉的压制成型。

（2）热塑性塑料模：主要用于热塑性注射成型和挤出成型。热塑性塑料主要有聚酰胺、聚甲醛、聚乙烯、聚丙烯、聚苯乙烯等，这些塑料在一定压力下在型腔内成型冷却后可保持已成型的形状。如果再次加热又可软化熔融再次成型，这类模具还包括中空吹塑模和真空成型模。

按照模具的结构特征可分为单分型面注塑模具、双分型面注塑模具、斜导柱侧向分型与抽芯注塑模具、带活动镶件的注塑模具、定模带推出装置的注塑模具以及自动卸螺纹注塑模具等。

另外，按其使用注塑机的类型可分为卧式注塑机用注塑模具、立式注塑机用注塑模具以及角式注塑机用注塑模具。按其采用的流道形式可分为普通流道注塑模具和热流道注塑模具。

二、模具设计的一般流程

注塑模设计时，必须全面分析塑料制件的结构特点，熟悉注塑机注塑生产过程中的特性与技术参数，熟悉注塑成型的工艺，熟悉不同条件下塑料熔体流动行为和特征，并考虑模具结构的可靠性、加工性与经济性等因素。

利用设计软件进行模具设计的一般流程如图6-1-1所示。

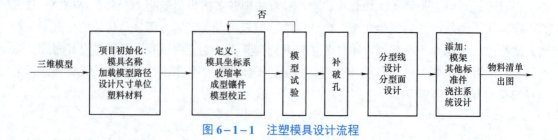

图6-1-1　注塑模具设计流程

三、NX 软件注塑模向导模块认识

注塑模向导是 NX 软件的一个应用模块，是注塑模模具设计的专用模块。此模块遵循了模具设计的一般规律，可按工具条上的流程进行，【注塑模向导】工具条如图 6-1-2 所示。

图 6-1-2 【注塑模向导】工具条

（一）初始化项目

初始化项目的过程是加载需要进行模具设计的产品零件和模具装配体结构生成的过程。零件载入后，将生成用于存放布局、型腔、型芯等一系列文件。

项目初始化是使用注塑模向导模块进行模具设计的第一步，可以设置项目路径和名称、选择材料、更改收缩率、设置项目单位等。

项目初始化的操作步骤：在【注塑模向导】工具条中单击【初始化项目】按钮，程序弹出【初始化项目】对话框，同时程序自动选择产品模型作为初始化项目的对象，如图 6-1-3 所示。

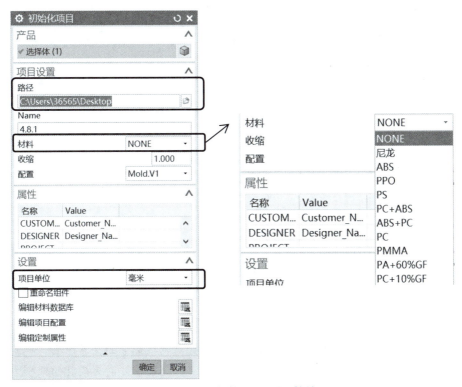

图 6-1-3 【初始化项目】对话框

项目初始化进程结束以后，【装配导航器】中会生成模具装配体结构管理树，如图 6−1−4 所示。

装配导航器				□
描述性部件名 ▲	信 🖫 E	数量	引用集	
📁截面				
− ☑🕸 **4.8.1_top_000 (...**	🖫 🗒	26		
− ☑🕸 **4.8.1_layout_021**	🖫 🗒	17	整个部件	
+ ☑🕸 **4.8.1_prod_003**	🖫 🗒	12	整个部件	
− ☑🕸 **4.8.1_combin...**	🖫 🗒	4	整个部件	
☑🕸 4.8.1_comb...	🖫 🗒		整个部件	
☑🕸 4.8.1_comb...	🖫 🗒		整个部件	
☑🕸 4.8.1_comb...	🖫 🗒		整个部件	
− ☑🕸 4.8.1_misc_005	🖫 🗒	3	整个部件	
☑🕸 4.8.1_misc_sid...	🖫 🗒		整个部件	
☑🕸 4.8.1_misc_sid...	🖫 🗒		整个部件	
☑🕸 4.8.1_fill_013	🖫 🗒		整个部件	
− ☑🕸 4.8.1_cool_001	🖫 🗒	3	整个部件	
☑🕸 4.8.1_cool_sid...	🖫 🗒		整个部件	
☑🕸 4.8.1_cool_sid...	🖫 🗒		整个部件	
− ☑🕸 4.8.1_var_010	🖫 🗒		整个部件	

图 6−1−4　初始化后模具装配体结构管理树

【小提醒】

➢ *_top：表示顶层文件，包含所有的模具数据文件。

➢ *_layout：包含型腔布局设计的数据文件。

➢ *_prod：包括产品子装配的数据文件。

➢ *_misc：包括用于放置通用标准件和不是独立的标准件部件的数据文件，如定位圈、锁模块等。

➢ *_fill：用于放置浇口、流道等的数据文件。

➢ *_cool：用于放置冷却系统组件的数据文件。

➢ *_var：用于放置模架及标准件的表达式。

（二）设置模具 CSYS

模具 CSYS 在 MoldWizard 中是用于模具设计的参考坐标系，直接影响了模架的装配及定位，是所有标准件加载的参照基准。因此在整个设计过程中，模具坐标系的设置起着非常重要的作用。

【小提醒】

注塑模向导模块规定：$XC−YC$ 平面是定模部分与动模部分的分界平面，也就是主分型面，模具坐标系的原点应在主分型面的中心，$+ZC$ 轴矢量方向为模具的开模方向，也为顶出方向。

模具 CSYS 功能是把当前零件的工作坐标系的原点平移到模具绝对坐标系的原点，使绝对坐标原点在分型面上。

设置模具 CSYS 的操作步骤：在【注塑模向导】工具条中单击【模具 CSYS】按钮，程序弹出【模具 CSYS】对话框，在该对话框中可以选定定位坐标系的方式，如图 6-1-5 所示。

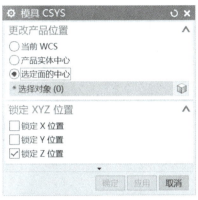

图 6-1-5 【模具 CSYS】对话框

【小提醒】

➢ 【当前 WCS】：可以直接利用当前的工作坐标系的位置来定义模具坐标系。

➢ 【产品实体中心】：程序自动创建一个恰好能够包容零件的假想体，并把该假想体的中心位置确定为模具坐标系的原点位置。

➢ 【选定面的中心】：在零件上选定一个任意类型的面，程序将根据此面创建一个假想的实体，然后将假想体对角线的中心作为模具坐标系的原点。

➢ 【锁定 XYZ 位置】：其中，勾选任意一个复选选项，工作坐标系的该选项轴与零件的位置关系不发生变化，即零件在该轴方向不产生移动。

（三）创建工件

工件是用来生成模具型腔和型芯的毛坯实体，是能够完全包容零件且与零件有一定距离的体积块。工件的大小主要取决于塑料制品的大小与结构，在保证足够强度的前提条件下，工件越紧凑越好。根据产品塑料制品的外形尺寸以及高度，可以确定工件的大致外形与尺寸。常见工件尺寸的参考数据见表 6-1-1。

表 6-1-1 常见工件尺寸的参考数据

产品长度	产品高度	A	B	C
0~150	0~30	20~25	20~25	20~30
150~250		25~30		
100~350		25~30		
0~200	30~80	25~30	25~35	30~40

续表

产品长度	产品高度	A	B	C
200～250	30～80	25～35	25～35	30～40
250～300		30～35		
0～300	45～60	35～40	35～40	35～45
300～450		35～45		
400～450		40～50		
0～500	60～75	45～60	40～55	50～70
500～550				
550～600				

注意：以上数据，仅作一般性结构塑料制品的工件尺寸参考，对于特殊的塑料制品，应根据实际情况设计相应的尺寸。

注：A 表示产品最大外形边到工件边的距离；

　　B 表示产品最高点到工件上端面的距离；

　　C 表示产品最低点处的分型面到工件下端面的距离。

设置工件尺寸的操作步骤：在【注塑模向导】工具条中单击【工件】按钮 ⊗ ，程序弹出【工件】对话框，在该对话框中，用户可以单击【绘制截面】按钮 📷 ，以修改或绘制工件的截面草图，也可保持默认设置，在【限制】选项组中可以设置工件的高度，最后单击【确定】按钮，完成工件的创建，如图 6-1-6 所示。

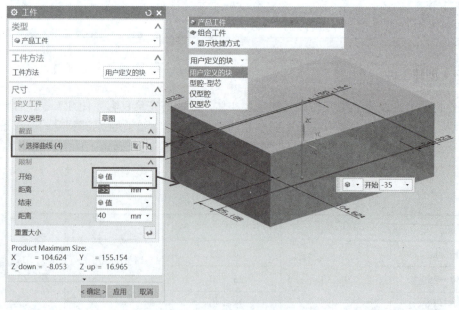

图 6-1-6 【工件】对话框

【小提醒】

➤ 其实在【工件】对话框弹出时，程序已经创建了工件，只是想通过【工件】对话框进行设置，得到用户的确认而已。如果在【工件】对话框中单击【取消】按钮，系统将生成组合工件。

➤ 一般情况下，用户只需修改工件的厚度参数即可，工件的厚度参数不能超过产品零件太多，否则会极大地浪费模具的材料。

➤ 要更改工件的尺寸，需要再次单击【注塑模向导】模块中的【工件】按钮，然后在打开的对话框中进行操作。

（四）型腔布局

模具型腔的布置主要有型腔数目和排列的确定。确定型腔数目的常用方法有按照注塑机的最大注塑量、额定锁模力确定型腔数目、按照塑件的精度要求确定型腔数目以及按照经济性确定型腔数目等。对于一模多腔或者组合型腔的模具，浇注系统的平衡性是与型腔和流道的布局息息相关的。型腔布局的原则是尽可能采用平衡式排列、型腔布局和浇口开设部位应力对称、尽量使型腔排列紧凑。

设置型腔布局的操作步骤：在【注塑模向导】工具条中单击【型腔布局】按钮，程序弹出【型腔布局】对话框。该对话框包括两个选项组，【矩形】和【圆形】。默认情况为【矩形】。【矩形】包括"平衡"和"线性"两个选项，如图 6-1-7 所示。

图 6-1-7 【型腔布局】对话框

【小提醒】

➤【选择体】：激活此命令后，可以在图形区中选择工件作为布局的参考。

➤【开始布局】：单击此按钮后，程序会自动生成用户设置的型腔布局。

➤【编辑插入腔】：单击此按钮，可以在弹出的【刀槽】对话框中创建和编辑退刀槽，如图 6-1-8 所示。

➤【变换】：单击此按钮，可以在弹出的【变换】对话框中进行型腔的平移、旋转或复制操作，如图 6-1-9 所示。

➤【移除】：单击此按钮，可以将选择的型腔移除。

➤【自动对准中心】：单击此按钮，布局中的所有型腔将以模具 CSYS 的原点作为中心进行对准。

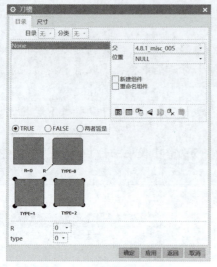

图 6-1-8 【刀槽】对话框

图 6-1-9 【变换】对话框

任务实施

下面以游戏手柄任务实例来说明 NX 软件中单件模的准备过程。本任务的产品模型如图 6-1-10 所示。

视频 18 游戏手柄上壳模具设计的准备

操作步骤如下。

Step1 启动 NX 软件，从光盘中打开本任务模型。

Step2 选择【注塑模向导】应用模块，在【注塑模向导】工具条中单击【初始化项目】按钮，参照图 6-1-11 所示的【初始化项目】对话框设置文件的保存路径、产品所用材料和收缩率等，并将【项目单位】设置为"毫米"。

图 6-1-10 游戏手柄产品模型

图 6-1-11 【初始化项目】对话框

Step3 确定模具 CSYS 的位置。在【注塑模向导】工具条中单击【模具 CSYS】按钮 ，在弹出的【模具 CSYS】对话框中，选择【当前 WCS】选项，如图 6-1-12 所示轴，注意 +ZC 的方向。

图 6-1-12　模具 CSYS 设置

Step4 创建工件。在【注塑模向导】工具条中单击【工件】按钮 ，在打开的【工件】对话框中设置工件的尺寸，如图 6-1-13、图 6-1-14 所示。

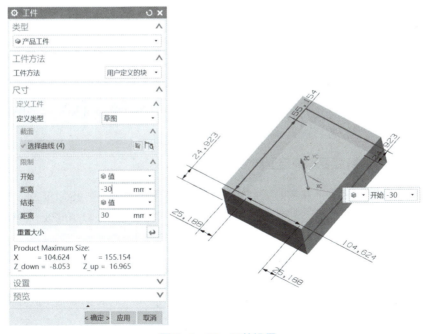

图 6-1-13　工件设置

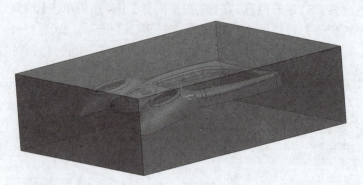

图 6-1-14　设置好的工件

Step5 型腔布局。该任务零件按照一模一腔设计，因此该准备工作可以省略。

任务总结

至此，游戏手柄的准备过程已经结束。此任务属于单件模的模具准备过程。如因设计需要准备多建模的设计，必须注意以下几个问题。

（1）必须保证充填的流动平衡。

（2）较小产品应用较小流道，较大产品应用较大流道。

（3）较大产品应布置在中间，较小产品应布置稍远。

（4）必须合理设置排气孔或者排气槽，使产品不易产生气泡。

知识拓展

一、型腔数目的确定

当塑料产品设计完成并选定材料以后，就需要考虑是单型腔模具还是多型腔模具。一般可以依据以下几点对型腔数目进行确定。

（一）按照塑件的精度要求确定型腔数目

受塑件精度的限制，属于精密技术级的，如《塑料件尺寸公差》（SJ 10628—1995）中的 1、2 级，只能一模一腔；属于精密级的，如《塑料件尺寸公差》（SJ 10628—1995）中的 3、4 级，最多可以一模四腔。

（二）按注射机的最大注射量、额定锁模力确定型腔数目

受设备的技术条件限制，如最大注射量、锁模力、最大注射面积等与型腔个数 n 有关的技术参数应进行校核。

按最大注射量确定型腔数目：

$$n \leqslant (km_n - m_j)/m \qquad （6-1-1）$$

式中，m_n 为注塑机最大注射量；m_j 为浇注系统凝料量；m 为单个塑件的质量。

按额定锁模力确定型腔数目：

$$n \leqslant (F_n - PA_j)/PA \tag{6-1-2}$$

式中，F_n 为注塑机的额定锁模力；P 为塑料熔体对型腔的平均压力；A 为单个塑件在分型面上的投影面积；A_j 为浇注系统在分型面上的投影面积。

（三）按照经济性确定型腔数目

受成本核算的限制，成本最低的型腔数核算：

$$n = \sqrt{Nyt/60C_1} \tag{6-1-3}$$

式中，N 为制品总件数；y 为每小时注塑成型加工费；t 为成型周期；C_1 为每一型腔所需承担的与型腔数有关的模具费用。

二、型腔的布局

多型腔模具设计的重要问题之一就是浇注系统的布置方式。应使每个型腔都通过浇注系统从总压力中均等地分得所需的足够压力，以保证塑料熔体同时均匀地充满每个型腔，使各型腔的塑件内在质量均一稳定。这就要求型腔与主流道之间的距离尽可能地短，同时采用平衡的流道和合理的浇口尺寸以及均匀的冷却等。合理的型腔排布可以避免塑件尺寸的差异、应力形成及脱模困难等问题。

表6-1-2　各种型腔的布局比较

排列方式	优点	缺点
环形排布	到各个型腔的流程相等，对于带退螺纹装置的模具脱模尤为方便	只能容纳有限的型腔
串联排布	同样空间比环形排列所容纳的型腔数目多	各型腔流程不同，只有应用计算机设计各型腔浇口后，方可均匀进料
对称排布	到各型腔距离相同，不需对各浇口尺寸进行校正	流道体积大、回料多、熔体冷却快，解决方法为使用热流道、绝热流道

多型腔模具最好成型同一尺寸及精度要求的塑件，不同塑件原则上不应该用同一副多型腔模具生产。

任务 2 游戏手柄上壳模具的分型设计

任务目标

（1）了解注塑模向导自动分型的一般流程。

（2）了解模具设计中分型面选择与设计的一般原则。

（3）NX 软件注塑模工具条中曲面修补按钮的认识。

任务分析

在模具设计中，定义分型线、创建分型面以及分离型芯和型腔是一个比较复杂的设计流程，尤其体现在处理复杂分型线和分型面的情况下。注塑模向导提供了一系列简化分型面设计的功能，且当产品被修改以后，仍然与后续的设计工作相关联。

在本任务中，游戏手柄上壳为塑料制件，其结构比较简单，因此在分模时要注意分型线的选取。

知识准备

一、分型面设计

将模具适当地分成两个或若干个可以分离的主要部分，这些可以分离部分的接触表面分开时可以取出塑件及浇注系统凝料，当成型时又必须接触封闭，这样的接触表面称为模具的分型面。分型面直接影响着塑料熔体的流动充填特性及塑件的脱模，因此，分型面的选择是注塑模设计的一个关键。

（一）分型面的形式

注塑模具有的只有一个分型面，有的有多个分型面。分模后取出塑件的分型面称为主分型面，其余分型面称为辅助分型面。分型面的主要形式有平面、斜面、阶梯面以及曲面，如图 6-2-1 所示。

平面

斜面

阶梯面

曲面

图 6-2-1 分型面的主要形式

（二）分型面的选择

如何选择分型面，需要考虑的因素比较复杂。一般应遵循以下几项基本原则。

（1）分型面应选在塑件外形最大轮廓处。当已经初步确定塑件的分型方向后，分型面应选在塑件外形最大轮廓处，即通过该方向上塑件的截面积最大，否则塑件无法从型腔中脱出。如图6-2-2所示，分型面应选在最大轮廓处。

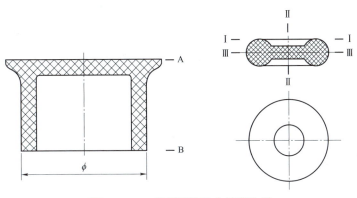

图6-2-2　分型面的最大轮廓选择

（2）确定有利的留模方式，便于塑件顺利脱模。通常分型面的选择应尽可能使塑件在开模后留在动模一侧，这样有助于动模内设置的推出机构动作，否则在定模内设置推出机构往往会增加模具整体的复杂性，如图6-2-3所示。

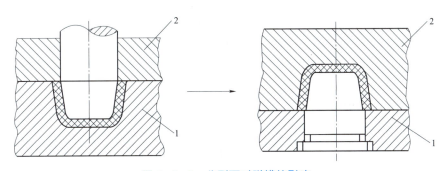

图6-2-3　分型面对脱模的影响

1—动模；2—定模

（3）保证塑件的精度要求。与分型面垂直方向的高度尺寸，若精度要求较高，或同轴度要求较高的外形或内孔，为保证其精度，应尽可能设置在同一半模具型腔内。图6-2-4

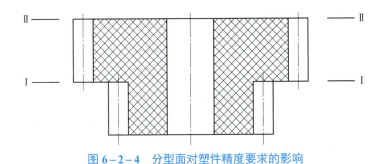

图6-2-4　分型面对塑件精度要求的影响

所示为双联塑料齿轮。如按第Ⅰ种分型，两部分齿轮将分别在动、定模内成型，会因合模精度影响导致塑件的同轴度不能满足要求，而第Ⅱ种分型则保证了两部分齿轮的同轴度要求。

（4）满足塑件的外观质量要求。选择分型面时应避免对塑件的外观质量产生不利的影响，同时需考虑分型面处所产生的飞边是否易被修整清除。如图6-2-5所示塑件，如按左图分型，圆弧处产生的飞边不易被清除且会影响塑件的外观，但右图很好地解决了这个问题。

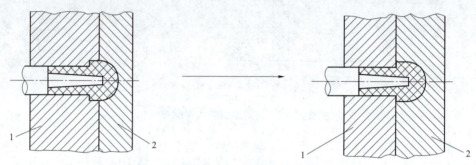

图6-2-5　分型面对塑件外观质量的影响

1—动模；2—定模

（5）便于模具的加工制造。为了便于模具的加工制造，应尽量选择平直分型面或易于加工的分型面。如图6-2-6所示，如按直分型面分型，型芯和型腔加工均很困难；如采用斜分型面分型，加工较容易。

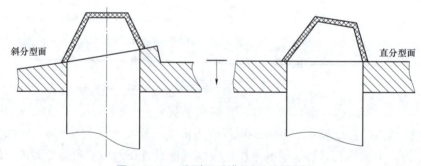

图6-2-6　分型面对模具加工的影响

（6）对成型面积的影响。注塑机一般都规定其相应模具所允许使用的最大成型面积及额定锁模力。在注塑成型过程中，当塑件（包括浇注系统）在合模分型面上的投影面积超过允许的最大成型面积时，将会出现涨模溢料现象，这时注塑成型所需的合模力也会超过额定锁模力。因此，为了可靠地锁模以免涨模溢料现象的发生，选择分型面时应尽量减少塑件合模分型面上的投影面积。如图6-2-7所示，左图中塑件在合模分型面上的投影面积较大，锁模的可靠性较差；若采用右图方式分型，塑件在合模分型面上的投影面积比左图要小，保证了锁模的可靠性。

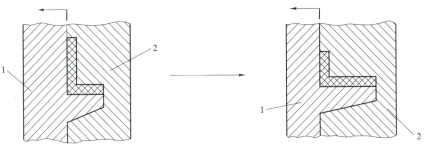

图 6－2－7　分型面对成型面积的影响

1—动模；2—定模

（7）有利于提高排气效果。分型面应尽量与型腔充填时塑料熔体的料流末端所在的型腔内壁表面重合。如图 6－2－8 所示，右图有利于注塑过程中的排气，分型较为合理。

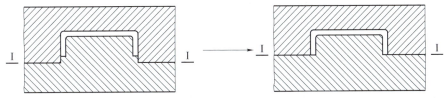

图 6－2－8　分型面对排气效果的影响

（8）对侧向抽芯的影响。当塑件需要侧向抽芯时，为保证侧向型芯的放置便利及抽芯机构的动作顺利，在选定分型面时，应以浅的侧向凹孔或短的侧向凸台作为抽芯方向，将较深的凹孔或较高的凸台放置在开合模方向，并尽量把侧向抽芯机构设置在动模一侧，如图 6－2－9 所示，右图比左图要合理。

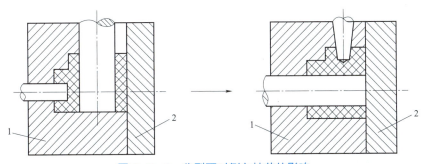

图 6－2－9　分型面对侧向抽芯的影响

1—动模；2—定模

二、曲面修补

抽取型腔和型芯时，是假想将模型的内、外表面分别作为封闭区域的，但是这样的假想面要让软件能够识别出来，就必须把产品模型上的孔、槽等开放性的区域覆盖起来。由此可见，修补零件是分模前需要完成的工作。

NX 软件中大部分的修补工具位于【注塑模工具】工具条中，包括【曲面补片】【扩大曲面补片和编辑分型面和曲面补片】以及【拆分面】，如图 6-2-10 所示。

图 6-2-10 【注塑模工具】工具条

（一）曲面补片

【曲面补片】是指通过选择闭环曲线，生成曲面片体来修补孔。其应用范围很广，特别适合修补曲面形状较为复杂的孔，且生成的补面非常光顺，适合机床加工。

【曲面补片】的操作步骤：在【注塑模工具】工具条中单击【曲面补片】按钮 ◈，程序弹出【边修补】对话框。

【环选择】的【类型】包括"面""体"和"移刀"3 个选项。

1."面"选项

此类型仅适合修补单个平面内的孔，对于曲面中的孔或由多个面组合而成的孔是不能修补的。

选择"面"选项后，可在产品中选择孔所在的平面。平面选择后，程序会自动选择孔边线作为修补的环，并将自动选择的环收集到下方的【列表】中。用户可以单击【移除】按钮，来删除所选的环，如图 6-2-11 所示。补片后单击【确定】按钮，效果如图 6-2-12 所示。

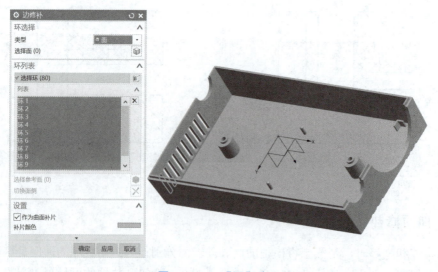

图 6-2-11 【面】选项

【作为曲面补片】：勾选此复选框，生成的补片将作为【注塑模向导】模式中的曲面补片。

【补片颜色】：单击颜色条，可以在弹出的【颜色】对话框中更改补片的颜色显示。

2．"体"选项

此选项适合修补具有明显孔边线的孔。若程序所选择的孔边线不符合修补条件，也就无法用"体"选项来修补了。如果将产品模型进行了区域分析，则可以进行修补。其余选项与"面"中的选项相同，就不重复介绍。

3．"移刀"选项

此选项仅适合修补经过区域分析的产品模型。在经过区域分析的产品中，选择孔的第 1 条边线，之后程序会自动选择第 2 条边线。若自动选择的边线错误，可单击【分段】选项组中的【循环候选项】按钮

图 6-2-12　补片后效果

来搜索正确的边线；若边线正确，单击【接受】按钮，继续选择其他孔边线，直到完成所有孔边线的选择为止。如果孔为半封闭，可在选择最后一条边线后单击【关闭环】按钮，即可封闭孔边线，如图 6-2-13 所示。

图 6-2-13　关闭环

如果要返回前一边线状态，可以单击【上一个分段】按钮，补片后单击【确定】按钮，效果如图 6-2-14 所示。用户可以在搜索任意边线时，单击【退出环】按钮，随时结束孔边线的搜索。

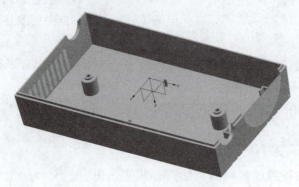

图 6-2-14　补片后效果

（二）扩大曲面补片

扩大曲面是通过扩大产品模型上的已有曲面来获取面，然后通过控制获取面的 U、V 方向来扩充百分比，最后选取要保留或舍弃的修剪区域并得到补片。此命令主要用来修补形状简单的平面或曲面上的破孔，也可用来创建平面主分型面。

扩大曲面补片的操作步骤：在【注塑模工具】工具条中单击【扩大曲面补片】按钮 🖼，程序弹出【扩大曲面补片】对话框，如图 6-2-15 所示。

该对话框中各选项的含义如下。

【选择面】：选择产品中包含破孔的表面，会显示扩大曲面预览，如图 6-2-16 所示。

图 6-2-15　【扩大曲面补片】对话框

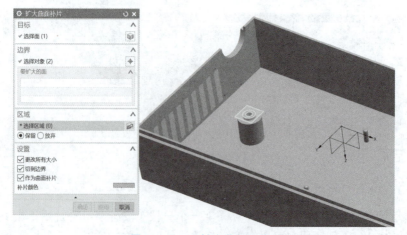

图 6-2-16　扩大曲面预览

【选择对象】：在产品中可选择修剪扩大曲面的边界。用户也可在图形区中拖动扩大曲面的控制箭头来更改曲面的大小，如图 6-2-17 所示。

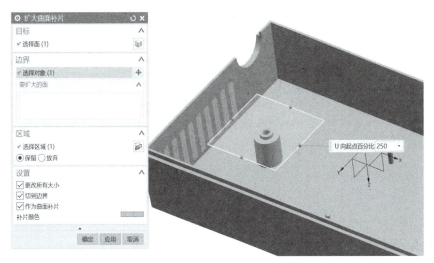

图 6-2-17　拖动箭头改变曲面大小

【选择区域】：在扩大曲面内选择要保留的补片区域，如图 6-2-18 所示。

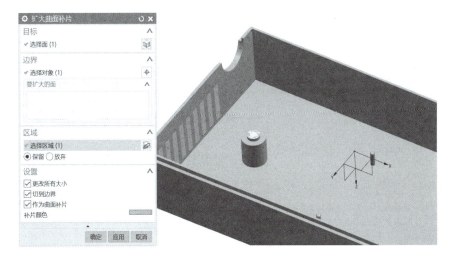

图 6-2-18　扩大曲面补片后效果

【更改所有大小】：勾选此复选框，在更改扩大曲面一侧的值时，其余侧的值也将随之更改。若取消勾选，将只更改其中一侧的曲面大小。

【切到边界】：勾选此复选框，将扩大曲面修剪到指定边界。若取消勾选，将只创建扩大曲面，而不生成破孔补片。

【作为曲面补片】：勾选此复选框，可将扩大曲面补片转换成注塑模向导的曲面补片。

（三）编辑分型面和曲面补片

此工具可以将一般曲面或补片转换成注塑模向导模块的曲面补片，还可以删除已创建的主分型面及曲面补片。在建模模式下创建的曲面不能使用此工具进行删除。

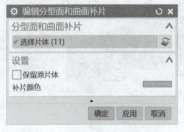

图 6−2−19 【编辑分型面和曲面补片】对话框

在【注塑模工具】工具条中单击【编辑分型面和曲面补片】按钮 ，程序弹出【编辑分型面和曲面补片】对话框，如图 6−2−19 所示。

该对话框中各选项的含义如下。

"选择片体"：可以选择一般补片进行注塑模向导模块曲面补片的转换，也可以选择注塑模向导模块分型面和曲面补片进行删除。

"保留原片体"：勾选此复选框，将保留转换前的一般补片或曲面。

（四）拆分面

此命令指利用用户创建的曲线、基准平面、交线或等斜度线来分割产品表面。【拆分面】工具与建模模块中的【分割面】工具的作用相同，但【拆分面】工具的分割面功能更强大，主要体现在拆分工具的选择范围增加。

在【注塑模工具】工具条中单击【拆分面】按钮 ，程序弹出【拆分面】对话框，如图 6−2−20 所示。

图 6−2−20 【拆分面】对话框

该对话框中【类型】选项组包括"曲线/边""平面/面""交点"和"等斜度"4 个选项。

"曲线/边"：该选项主要利用用户创建的曲线或实体边来分割面。在没有创建曲线的情况下，可以添加直线来分割面。该对话框中【类型】选项组。

"选择面"：可在产品中选择要分割的面。

"选择对象"：选择曲线或实体边作为分割对象。

"添加直线"：若还没有创建曲线，可以单击此按钮，然后通过弹出的【直线】对话框在产品表面创建直线，以此分割面，如图6-2-21所示。

"平面/面"：该主要利用创建的基准平面或曲面来分割面。除【分割对象】选项组中的【添加基准平面】选项用于创建分割平面外，其余选项与【曲线/边】中的完全相同，故不再重复叙述。【拆分面】对话框【平面/面】选项如图6-2-22所示。

图6-2-21　【直线】对话框

图6-2-22　【拆分面】对话框【平面/面】选项

"交点"：该选项主要利用相交曲面的交线来分割面，如图6-2-23所示。

等斜度该选项主要用来分割产品外侧的圆弧曲线，以此获得分型线，如图6-2-24所示。

图6-2-23　【拆分面】对话框【交点】选项

图6-2-24　【拆分面】对话框【等斜度】选项

三、分型管理

注塑模向导模块向用户提供了集成、自动化且便于管理的模具分型工具和分型管理器，可以轻松地进行产品的分型设计。

（一）模具分型工具条

在【注塑模向导】工具栏中，有【分型刀具】工具条，如图6-2-25所示。

（二）分型导航器

在【分型导航器】对话框中可设置模具分型部件的显示与隐藏，包括【产品实体】【工件】【分型线】【分型面】【曲面补片】【修补实体】，以及【型腔】和【型芯】等，如图6-2-26所示。

图6-2-25 【分型刀具】工具条

（三）区域分析

在【分型刀具】工具条中，单击【区域分析】按钮 ⌂ ，弹出【检查区域】对话框，如图6-2-27所示。

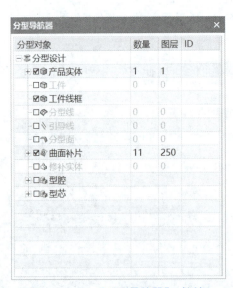

图6-2-26 【分型导航器】对话框

图6-2-27 【检查区域】对话框

对话框中各选项的含义如下。

【保持现有的】：保留初始化产品模型中的所有参数，做模型验证。

【仅编辑区域】：仅对做过模型验证的部分进行编辑。当用户需要进行二次验证时，选择此单选按钮即可。

【全部重置】：删除以前的参数及信息，重做模型验证。

【指定脱模方向】：单按此按钮 ，用户可以重新指定产品的脱模方向。在初始化项目以后，模型的默认脱模方向一般为 $+ZC$ 轴。

【检查区域】对话框包括【计算】【面】【区域】和【信息】4 个标签。

1.【面】标签

该标签用来进行产品表面分析，其分析结果为用户修改产品提供了可靠的参考数据。产品表面分析包括面的拔模分析和产品分型线的分析。【面】标签如图 6-2-28 所示。

该标签下各选项的含义如下。

【高亮显示所选的面】：此复选框用来控制选择的颜色分析面是否是高亮显示。

【拔模角限制】：面拔模分析的角度参照。设定一个值，则执行面拔模分析后，所有大于、等于或小于此角度值范围的面都会显示出来。

【全部】：勾选此复选框，将显示产品中所有的面。

【正的 $\geqslant 3.00$】：勾选此复选框，大于或等于 3° 的拔模角度的面（型腔区域面）将高亮显示。

【正的 < 3.00】：勾选此复选框，大于 0° 且小于 3° 的拔模角度的面（型腔区域面）将高亮显示。

【竖直 $= 0.00$】：勾选此复选框，等于 0° 的拔模角度的面将高亮显示。

【负的 < 3.00】：勾选此复选框，小于 0° 且大于 -3° 的拔模角度的面（型芯区域面）将高亮显示。

【负的 $\geqslant 3.00$】：勾选此复选框，小于或等于 -3° 的拔模角度的面（型芯区域面）将高亮显示。

图 6-2-28　【面】标签

【设置所有面的颜色】：单击此按钮，对产品表面的分析结果以颜色显示。

【交叉面】：某单个面中既有正拔模角区域又有负拔模角区域。

【底切区域】：指产品的侧凹或侧孔特征处，程序无法判定到底属于型腔区域还是型芯区域的区域。

【透明度】：分【选定的面】和【未选定的面】两种，拖动滑块可以改变选定面或者未选定面的透明度。

【面拆分】：通过对面的拔模分析，针对产品中出现的交叉面进行面的分割。此功能与注塑模工具条上的【面拆分】工具完全相同。

【面拔模分析】：执行产品分型线分析。此按钮是针对产品修改的分析过程，它将拔模分析所得到的结果以各种颜色显示在产品的表面上。在【拔模角限制】文本框中输入要分析的拔模角限制值，然后单击【设置所有面的颜色】按钮，程序会自动执行面拔模分析，并在产品中以不同颜色来表示分析后的结果，如图 6-2-29 所示。

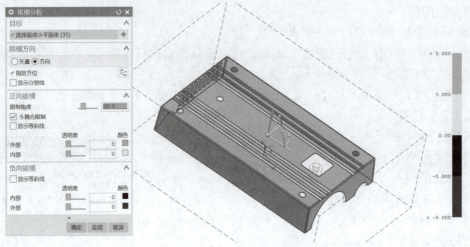

图 6-2-29　面拔模分析

　　同时程序会自动完成分型线的拔模分析。在该对话框中勾选【显示等斜线】复选框，在交叉面中会显示等斜线，也就是分割线。

2.【区域】标签

　　该标签的主要作用是分析并计算型腔、型芯区域面的个数，以及对区域面进行重新指定。【区域】标签如图 6-2-30 所示。该标签下各选项的含义如下。

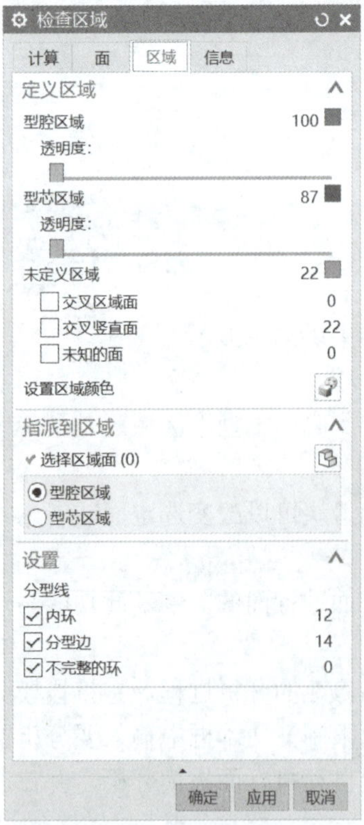

　　【型腔区域】：为模具型腔表面的区域，一般为产品的外观。

　　【透明度】：通过调节滑块可以设置型腔或型芯区域颜色的透明度。

　　【型芯区域】：为模具型芯表面的区域，一般为产品的内表面。

　　【未定义区域】：程序无法定义的区域面，包括【交叉区域面】【交叉竖直面】和【未知的面】三种情况。【交叉区域面】是型腔与型芯区域的交叉，即型腔区域内包含型芯区域面，或型芯区域内包含型腔区域面；【交叉竖直面】是与脱模方向一致的产品区域面，此类面一般存在于产品的破孔中；【未知的面】主要是在产品的侧孔、侧凹、倒扣等具有复杂形状结构的位置上。

　　【设置区域颜色】：可以将区域分析结果用不同的颜色来显示。

　　【型腔区域】：将选择的面指派为型腔区域。

　　【型芯区域】：将选择的面指派为型芯区域。

　　进行区域面定义的操作步骤：单击【设置区域颜色】按钮，程序将以不同颜色来表达区域分析后的结果，如图 6-2-31 所示。

图 6-2-30　【区域】标签

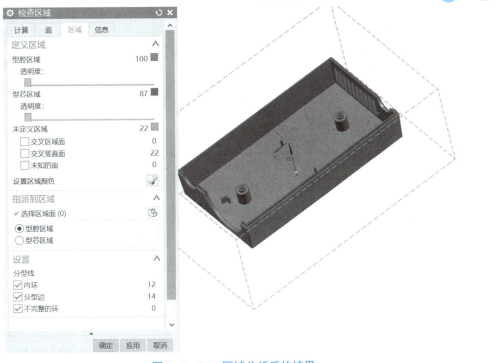

图 6-2-31 区域分析后的结果

从图 6-2-31 可以看出,【未定义区域】有"22"处,所以需要对此区域面进行重新定义或指派的操作,因此选择相应的曲面和相应的型腔或者型芯区域,单击【应用】按钮直至未定义区域为"0"。

四、分型面设计

【设计分型面】按钮 主要用于模具分型面中主分型面的设计。用户可以使用此工具来创建主分型面、编辑分型线、编辑分型段和设置公差等。单击此按钮后,弹出【设计分型面】对话框,如图 6-2-32 所示。

(一)分型线

【分型线】选项组主要用来收集在区域分析过程中抽取的分型线。如果之前没有抽取分型线,则【分型段】列表中不会显示【分型线的分型段】【删除分型面】和【分型线数量】等信息。

(二)创建分型面

仅当选择了【分型线】后,此选项组才会显示。该选项组提供了 4 种主分型面的创建方法,如图 6-2-33 所示。

图 6-2-32 【设计分型面】对话框

（三）编辑分型线

【编辑分型线】选项组主要用于手工选择产品分型线或分型段。单击【选择分型线】，即可在产品上选择分型线，单击对话框中的【应用】按钮，所选择的分型线将出现在【分型段】列表中。若单击【遍历分型线】按钮，可通过弹出的【遍历分型线】对话框遍历分型线，如图 6-2-34 所示。

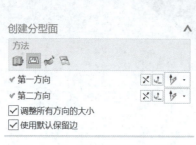

图 6-2-33 【创建分型面】选项组

图 6-2-34 【遍历分型线】对话框

（四）编辑分型段

【编辑分型段】选项组主要用于选择要创建主分型面的分型段，以及编辑引导线的长度、方向和删除等。该选项组各选项的含义如下。

【选择分型或引导线】：激活此命令后，在产品中选择要创建分型面的分型段和引导线，引导线即主分型面的截面曲线。

【选择过渡曲线】：过渡曲线指主分型面某一部分的分型线，可以是单段分型线，也可以是多段分型线。在选择过渡曲线之后，主分型面将按照指定的过渡曲线进行创建。

【编辑引导线】：引导线是主分型面的截面曲线，其长度及方向决定了主分型面的大小和方向。单击【编辑引导线】按钮，可以通过弹出的【引导线】对话框来编辑引导线，如图 6-2-35 所示。

（五）设置区域

该选项组用来设置各段主分型面之间的缝合公差以及分型面的长度。

分型面创建效果如图 6-2-36 所示。

图 6-2-35 【引导线】对话框

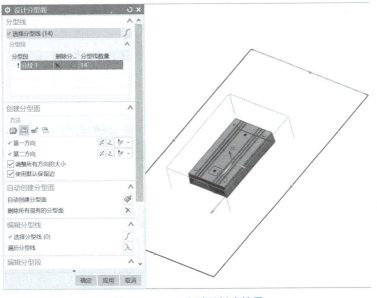

图 6–2–36　分型面创建效果

任务实施

视频 19　游戏
手柄上壳模具
的分型设计

在任务 1 中，游戏手柄上壳模具设计已完成准备过程。本任务的求是要完成该产品的分型面设计。

操作步骤如下。

Step1　启动 NX 软件，从光盘中打开任务 1 完成的模型。

Step2　选择【注塑模向导】应用模块，在【注塑模向导】工具条中单击【曲面补片】按钮 ◎ ，在弹出的【边修补】对话框中，【环选择】的【类型】选择【面】，选择游戏手柄上壳的下表面，此时【环列表】中会出现"环 1"，如图 6–2–37 所示。

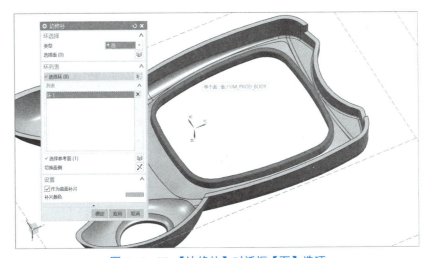

图 6–2–37　【边修补】对话框【面】选项

单击【应用】按钮，修补后的结果如图6-2-38所示。

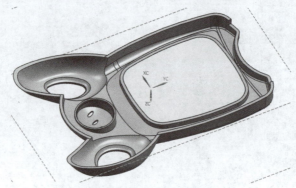

图6-2-38　修补后的结果

Step3 在【注塑模向导】工具条中单击【曲面补片】按钮◈，在弹出的【边修补】对话框中，【环选择】的【类型】选择【面】，选择游戏手柄上壳的中下部内表面，如图6-2-39所示。

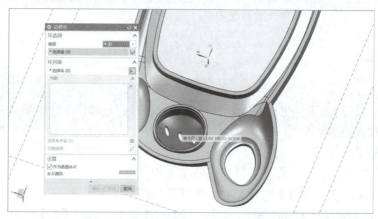

图6-2-39　【边修补】对话框【面】选项

此时【环列表】中会出现"环1""环2""环3"，同时曲面上的3个孔边缘线呈红色高亮状态，如图6-2-40所示。

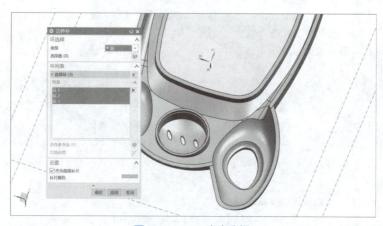

图6-2-40　破孔选择

单击【应用】按钮，修补后的结果如图6-2-41所示。

Step4 在【注塑模向导】工具条中单击【曲面补片】按钮◇，在弹出的【边修补】对话框中，【环选择】的【类型】选择【移刀】，将【设置】选项组中【按面的颜色遍历】复选框取消选择（取消选择后才可在产品上选线），选择游戏手柄上壳中控制杆孔位侧壁的曲线，单击【接受】按钮➡，如图6-2-42所示。

此时系统自动选择出另一条曲线，单击【接受】按钮➡，此时【环列表】中跳出"环 1"，如图6-2-43所示。

图6-2-41　修补后的结果

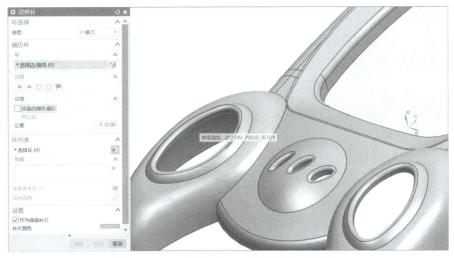

图6-2-42　【边修补】对话框【移刀】选项

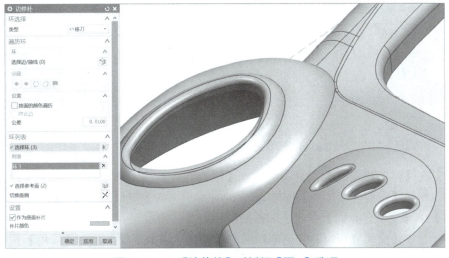

图6-2-43　【边修补】对话框【环1】选项

按照同样的方法，选择游戏手柄上壳中控制杆另一孔位侧壁的曲线，如图 6-2-44 所示。

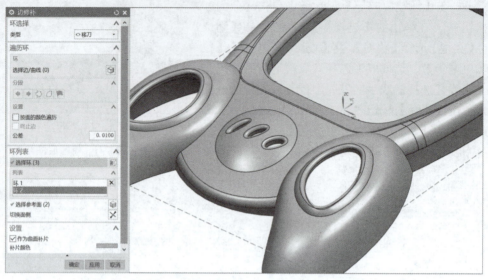

图 6-2-44 【边修补】对话框【环 2】选项

单击【应用】按钮，修补后的结果如图 6-2-45 所示。

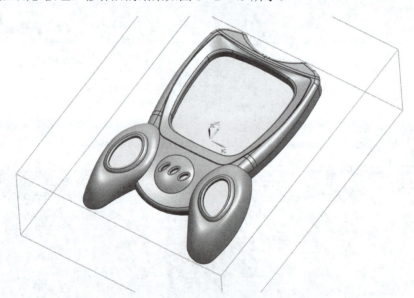

图 6-2-45 修补后的结果

Step5 在【注塑模向导】工具条中单击【检查区域】按钮 ，在弹出的【检查区域】对话框中，单击【设置区域颜色】按钮 ，此时游戏手柄上壳呈现棕、蓝两色，对话框【未定义区域】中【交叉竖直面】有 5 个，需要重新定义，如图 6-2-46 所示。

Step6 选中【交叉竖直面】复选框，选择【型腔区域】选项，单击【应用】按钮，让破孔侧壁面成为型腔区域，如图 6-2-47 所示。

图 6-2-46　【检查区域】对话框

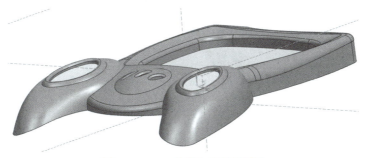

图 6-2-47　重新定义型腔区域

Step7　在【注塑模向导】工具条中单击【设计分型面】按钮 ，在弹出的【设计分型面】对话框中，单击【遍历分型线】按钮 ，弹出【遍历分型线】对话框，在游戏手柄壳产品上选择最大轮廓线，单击【接受】按钮 ，系统自动选择相连的下一条曲线，继续单击【接受】按钮 ，直到外侧曲线自动闭合为止，如图 6-2-48 所示。

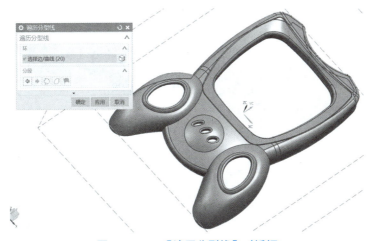

图 6-2-48　【遍历分型线】对话框

Step8 单击【应用】按钮，单击【取消】按钮，退回到【设计分型面】对话框，在【分型段】列表中单击"分段1"，此时【创建分型面】选项组被激活，单击【引导式延伸】按钮，使分型面延伸方向向下，如图6-2-49所示。

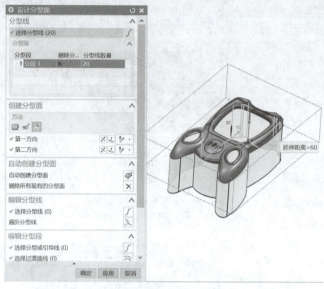

图 6-2-49 创建分型面

Step9 单击【确定】按钮，分型面创建效果如图6-2-50所示。

图 6-2-50 分型面创建结果

知识拓展

实体修补工具

【注塑模向导】模块的实体修补工具既能在模具设计环境下使用，也可用于建模设计的环境。使用实体修补工具，有效地结合了建模模块和模具设计模块来设计模具，可以大幅提高模具的设计效率。该工具主要包括创建方块、实体分割以及实体补片。

（一）创建方块

在【注塑模向导】模块中，通过【创建方块】工具创建的规则材料特征称为方块（在建模环境称为实体）。【创建方块】工具适用于【注塑模向导】模块装配环境以外的特征。方块不仅可以作为模胚使用，还可用来修补产品的破孔。

在创建方块时，参照对象可以是平面，也可以是曲面，程序会按照标准的 6 个矢量方向（坐标系的 6 个矢量方向）来延伸方块。

在【注塑模工具】工具条上单击【创建方块】按钮 ，程序将弹出【创建方块】对话框，该对话框中【类型】包括 3 个："中心和长度""有界长方体"和"有界圆柱体"，如图 6-2-51 所示。

图 6-2-51 【创建方块】对话框

1. 有界长方体

"有界长方体"选项以所选参照对象来创建完全包容参照的方块。使用该选项创建模胚的速度快，但尺寸不够精确，可用来创建实体大致特征。

"创建方块"对话框中各选项的含义如下。

"选择对象"：选择产品模型中的表面作为对象参照。

"间隙"：对象参照面边缘至方块边框的距离，通过设置此值可控制方块的总体尺寸。

"参考CSYS"：通过单击此按钮，可以动态设置 WCS 或模具 CSYS。

在使用"有界长方体"创建方块时，需要在产品的长、宽和高方向上选择参照面，这样才会生成一个完全包容产品模型的默认间隙的方块。通过更改间隙值，或者在图形区中单击方向手柄，可以改变方块的尺寸，如图 6-2-52 所示。

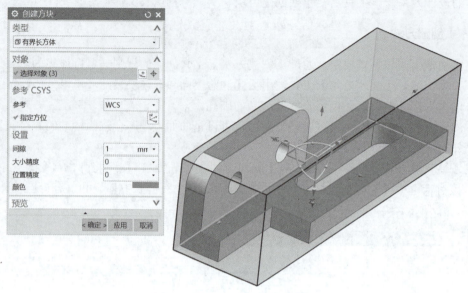

图 6-2-52 "有界长方体"选项

2. 中心和长度

"中心和长度"选项以参考点为方块中心，通过设置参考点在 *XC*、*YC*、*ZC* 方向上的长度值，或者在图形区中单击方向手柄来控制方块的总体尺寸，如图 6-2-53 所示。使用该选项可创建精确尺寸的方块。

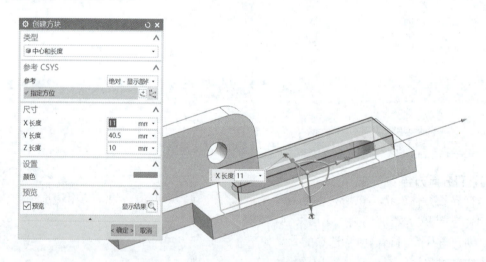

图 6-2-53 "中心和长度"选项

3. 有界圆柱体

"有界圆柱体"选项类似于"有界长方体"选项。【创建方块】对话框中各选项的含义就不再重复说明。在使用"有界圆柱体"选项创建圆柱体时，需要在产品的长、宽和高方向上选择参照面，这样才会生成一个完全包容产品模型的默认间隙的圆柱体。通过更改间隙值，或者在图形区中单击方向手柄，可以改变方块的尺寸，如图 6-2-54 所示。

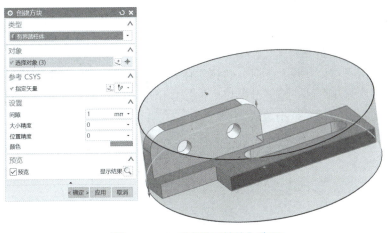

图6-2-54　【有界圆柱体】选项

（二）拆分体

【拆分体】工具是用一个面、基准平面或其他几何体去拆分一个实体，并保留分割后实体的所有参数。

【注塑模工具】工具条中的【拆分体】工具用于布尔求差运算。在使用【拆分体】工具时，分割工具必须与分割目标体完整相交，在分割结束后，所得实体的参数会被自动移除。

在【注塑模工具】工具条中单击【拆分体】按钮 ▦ ，程序弹出【拆分体】对话框，如图6-2-55所示。该对话框中各选项的含义如下。

【选择体】：激活此命令，在图形区中可选择要拆分的目标体。

【工具选项】：【选择面或平面】是指选择图形区中已有的实体、面、片体或基准面作为拆分或修剪的刀具体。

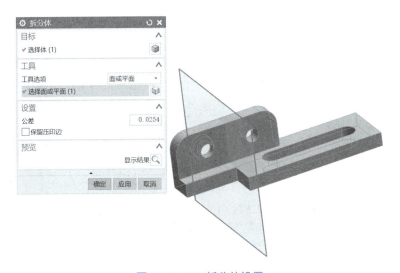

图6-2-55　拆分体设置

（三）实体补片

当产品上有形状较简单的破孔、侧凹或侧孔特征时，可创建一个实体来修补破孔、侧凹或侧孔，然后使用【实体补片】工具，将该实体定义为【注塑模向导】模块模具设计模式中默认的补片。该实体在型芯、型腔分割以后，按作用的不同可以和型芯或型腔合并成一个整体，或者作为抽芯滑块、成型小镶块。

【实体补片】工具只有在创建一个实体后才可以使用。在【注塑模工具】工具条中单击【实体补片】按钮 ，程序弹出【实体补片】对话框，如图 6-2-56 所示。

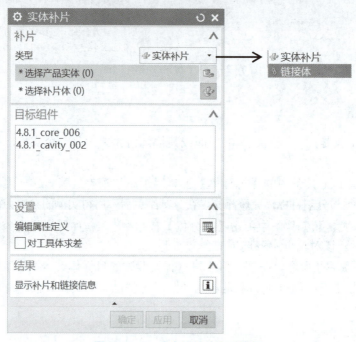

图 6-2-56 【实体补片】对话框

【实体补片】对话框中各选项的含义如下。

【实体补片】：选择该选项可将一般实体转换成【注塑模向导】模块默认的补片。

【链接体】：除模具总装配体部件以外的所有实体，包括使用【注塑模工具】工具条创建的实体特征和用 UG NX 中其他模块创建的实体。选择【链接体】类型，可以将实体补片链接到模具组件中，如在修补侧凹或侧孔时，该实体补片可以链接到滑块组件中变为滑块头。

【选择产品实体】 ：选择产品模型作为补片目标体。

【选择补片体】 ：选择创建的修补实体作为补片的工具体。

【目标组件】：选择【链接体】，将要链接的补片链接到装配体的组件中，所选择的装配体组件将被收集到【目标】选项组的列表中。

【编辑属性定义】 ：单击【编辑属性定义】按钮，打开 Excel 来编辑装配体组件的属性。

【对工具体求差】：勾选此复选框，补片体将从产品实体中分离出来。

【显示补片和链接信息】 ：单击【显示补片和链接信息】按钮，可打开信息窗口来查看补片和链接信息。

图 6−2−57 所示为创建实体补片的实例。

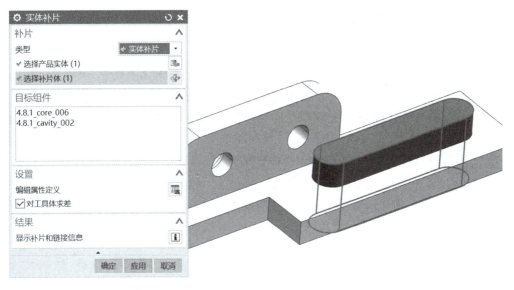

图 6−2−57 创建实体补片的实例

任务 3 游戏手柄上壳模具的型腔分割

任务目标

（1）了解注塑模向导型腔分割的一般流程。

（2）了解模具设计中型腔和型芯的结构形式。

（3）会运用 NX 软件对不同类型的产品进行分模设计。

任务分析

在模具设计中，当产品零件已经完成了分型面的设计，即进入模具型腔的分割阶段。在此之前，必须对型腔、型芯的基本结构形式非常熟悉，对于特殊型芯的结构形式只需了解即可。

知识准备

一、型腔和型芯的结构形式

模具中决定塑件几何形状和尺寸的零件称为成型零件，包括凹模、型芯、镶块、成型杆和成型环等。成型零件工作时，直接与塑料接触，承受塑料熔体的高压、料流的冲刷，脱模时与塑件间还发生摩擦。因此，成型零件要求有正确的几何形状，较高的尺寸精度和较低的表面粗糙度值，此外，成型零件还要求结构合理，有较高的强度、刚度及较好的耐磨性能。

设计成型零件时，应根据塑料的特性和塑件的结构及使用要求，确定型腔的总体结构，选择分型面和浇口位置，确定脱模方式、排气部位等，然后根据成型零件的加工、热处理、装配等要求进行成型零件结构设计，计算成型零件的工作尺寸，对关键的成型零件进行强度和刚度校核。

（一）凹模

凹模是成型塑件外表面的主要零件，按其结构不同，可分为整体式和组合式两类。

1. 整体式凹模

整体式凹模由整块材料加工而成，如图 6-3-1 所示。它的特点是牢固，使用过程中不易发生变形，不会使塑件产生拼接线痕迹。但由于加工困难，热处理不方便，整体式凹模常用在形状简单的中、小型模具上。

2. 组合式凹模

组合式凹模是指凹模由两个以上的零件组合而成。按组合方式的不同，可分为整体嵌入式、局部镶嵌式、底部镶拼式、侧壁镶拼式、多件镶拼式和四壁拼合式等形式。

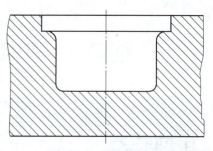

图 6-3-1 整体式凹模

（1）整体嵌入式凹模：小型塑件用多型腔模具成型时，各单个凹模采用机械加工、冷挤压、电加工等方法制成，然后压入模板中，这种结构加工效率高、装拆方便，可以保证各个型腔形状、尺寸一致。凹模与模板的装配及配合如图 6-3-2 所示。其中图 6-3-2（a）称为通孔凸肩式，凹模带有凸肩，从下面嵌入凹模固定板，再用垫板螺钉紧固。如果凹模镶件是回转体，而型腔是非回转体，则需要用销钉或键止转定位；图 6-3-2（b）是销钉定位，结构简单，装拆方便；图 6-3-2（c）是键定位，接触面大，止转可靠；图 6-3-2（d）是通孔无台肩式，凹模嵌入固定板内用螺钉与垫板固定；图 6-3-2（e）是非通孔的固定形式，凹模嵌入固定板后直接用螺钉固定在固定板上，为了不影响装配精度，使固定板内部的气体充分排除及装拆方便，常常在固定板下部设计有工艺通孔，这种结构可省去垫板。

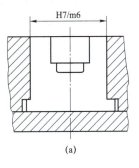

(a)

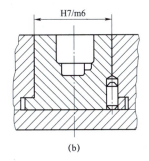

(b)

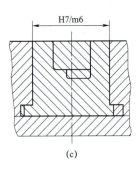

(c)

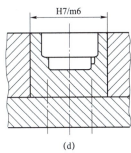

(d)

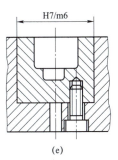

(e)

图 6-3-2　整体嵌入式凹模

（2）局部镶嵌式凹模：对于型腔的某些部位，为了加工上的方便，或对特别容易磨损、需要经常更换的，可将该局部做成镶件，再嵌入凹模，如图 6-3-3 所示。

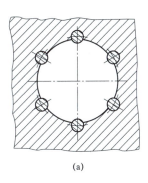

(a)

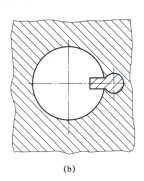

(b)

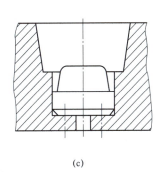

(c)

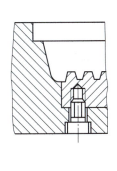

(d)

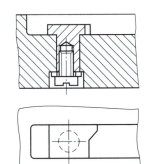

(e)

图 6-3-3　局部镶嵌式凹模

（3）底部镶拼式凹模：为了便于机械加工、研磨、抛光和热处理，形状复杂的型腔底部可以设计成镶拼式，如图 6－3－4 所示。图 6－3－4（a）为在垫板上加工出成型部分镶入凹模的结构；图 6－3－4（b）～图 6－3－4（d）为型腔底部镶入镶块的结构。

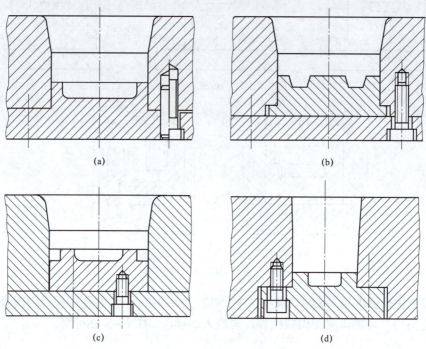

图 6－3－4　底部镶拼式凹模

（4）侧壁镶拼式凹模：侧壁镶拼结构如图 6－3－5 所示，这种结构一般很少采用，这是因为在成型时，熔融塑料的成型压力使螺钉和销钉产生变形，从而达不到产品的要求。图 6－3－5（a）中，螺钉在成型时将受到拉伸；图 6－3－5（b）中，螺钉和销钉在成型时将受到剪切。

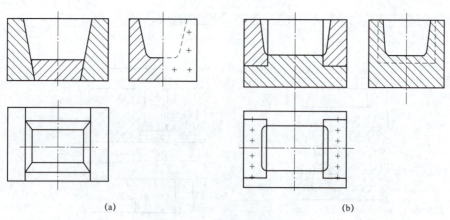

图 6－3－5　侧壁镶拼式凹模

（5）多件镶拼式凹模：凹模也可以采用多镶块组合式结构，根据型腔的具体情况，在难以加工的部位分开，这样就把复杂的型腔内表面加工转化为镶拼块的外表面加工，而且容易保证精度，如图 6-3-6 所示。

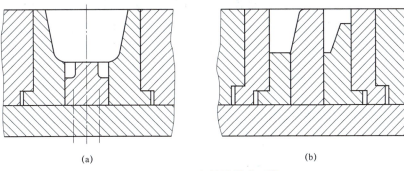

图 6-3-6　多件镶拼式凹模

（6）四壁拼合式凹模：大型和形状复杂的凹模，把四壁和底板单独加工后镶入模板中，再用垫板螺钉紧固，如图 6-3-7 所示。在图 6-3-7（b）的结构中，为了保证装配的准确性，侧壁之间采用扣锁连接；连接处外壁应留有 0.3～0.4 mm 间隙，以使内侧接缝紧密，减少塑料挤入。

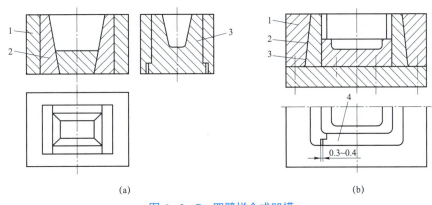

图 6-3-7　四壁拼合式凹模
1—模套；2、3—侧拼块；4—底拼块

综上所述，采用组合式凹模，简化了复杂凹模的加工工艺，减少了热处理变形，拼合处有间隙利于排气，便于模具维修，节省了贵重的模具钢。为了保证组合式型腔尺寸精度和装配的牢固，减少塑件上的镶拼痕迹，对于镶块的尺寸、形状位置公差要求较高，组合结构必须牢靠，镶块的机械加工工艺性要好。因此，选择合理的组合镶拼结构是非常重要的。

（二）凸模和型芯

凸模和型芯均是成型塑件内表面的零件。凸模一般是指成型塑件中较大的、主要内腔的零件，又称主型芯；型芯一般是指成型塑件上较小孔槽的零件。

1. 主型芯的结构

主型芯按结构可分为整体式和组合式两种，如图 6-3-8 所示。其中图 6-3-8（a）为整体式，结构牢固，但不便加工，消耗的模具钢多，主要用于工艺试验模具或小型模具上的形状简单的型芯。在一般的模具中，型芯常采用如图 6-3-8（b）～图 6-3-8（d）

261

所示的结构，这种结构是将型芯单独加工，再镶入模板中。图 6－3－8（b）为通孔凸肩式，凸模用台肩和模板连接，再用垫板螺钉紧固，连接牢固，是最常用的方法，对于固定部分是圆柱面而型芯有方向性的场合，可采用销钉或键止转定位；图 6－3－8（c）为通孔无台肩式；图 6－3－8（d）为不通孔的结构。

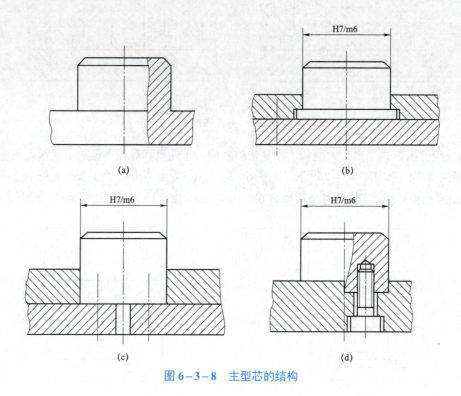

图 6－3－8　主型芯的结构

为了便于加工，形状复杂的型芯往往采用镶拼组合式结构，如图 6－3－9 所示。

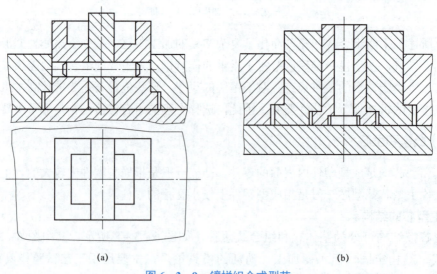

图 6－3－9　镶拼组合式型芯

组合式型芯的优缺点和组合式凹模的基本相同。设计和制造这类型芯时，必须注意结构合理，应保证型芯和镶块的强度，防止热处理时的变形，应避免尖角与薄壁。图 6-3-10（a）中的小型芯靠得太近，热处理时薄壁部位易开裂，应采用图 6-3-10（b）的结构，将大的型芯制成整体式，再镶入小的型芯。

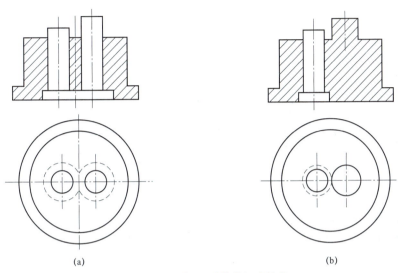

（a）　　　　　　　　　　（b）

图 6-3-10　相近型芯的组合结构

在设计型芯结构时，应注意塑料的溢料飞边不应影响脱模取件。图 6-3-11（a）结构的溢料飞边的方向与塑件脱模方向相垂直，影响塑件的取出；而图 6-3-11（b）结构的溢料飞边的方向与塑件脱模方向一致，便于脱模。

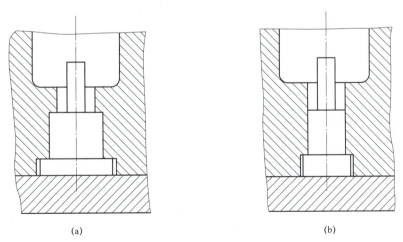

（a）　　　　　　　　　　（b）

图 6-3-11　便于脱模的镶拼

2. 小型芯的结构

小型芯成型塑件上的小孔或槽时，小型芯单独制造，再嵌入模板中。图 6-3-12 为小型芯常用的几种固定方法：图 6-3-12（a）是用台肩固定的形式，下端用垫板压紧；如固定板太厚，可在固定板上减少配合长度，如图 6-3-12（b）所示；图 6-3-12（c）是型芯细小而固定板太厚的形式，型芯镶入后，在下端用圆柱垫垫平；图 6-3-12（d）是用于固定板厚而无垫板的场合，在型芯的下端用螺塞紧固；图 6-3-12（e）是型芯镶入后在另一端采用铆接固定的形式。

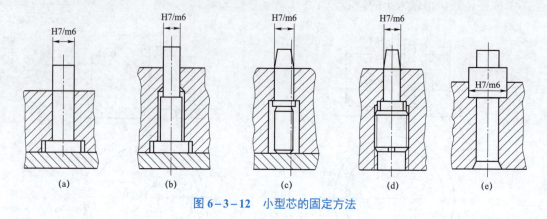

图 6-3-12　小型芯的固定方法

对于异形型芯，为了制造方便，常将型芯设计成两段，型芯的连接固定段制成圆形，并用凸肩和模板连接，如图 6-3-13（a）所示；也可以用螺钉紧固，如图 6-3-13（b）所示。

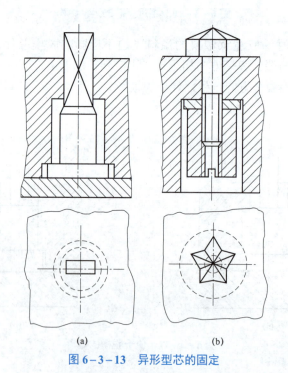

图 6-3-13　异形型芯的固定

多个互相靠近的小型芯，用凸肩固定时，如果凸肩发生重叠干涉，可将凸肩相碰的一面磨去，将型芯固定板的台阶孔加工成大圆台阶孔或长腰圆形台阶孔，然后再将型芯镶入，如图 6-3-14（a）、图 6-3-14（b）所示。

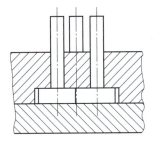

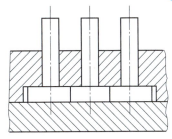

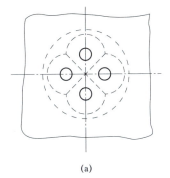

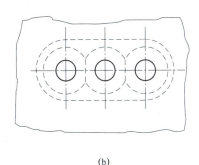

(a)   (b)

图6-3-14 多个互相靠近的型芯固定

（三）螺纹型芯和螺纹型环

螺纹型芯和螺纹型环是分别用来成型塑件上内螺纹和外螺纹的活动镶件。另外，螺纹型芯和螺纹型环还可以用来固定带螺纹孔和螺杆的嵌件。成型后，螺纹型芯和螺纹型环的脱卸方法有两种，一种是模内自动脱卸，另一种是模外手动脱卸。这里仅介绍模外手动脱卸的螺纹型芯和螺纹型环的结构及固定方法。

1. 螺纹型芯的结构

螺纹型芯按用途分为直接成型塑件上螺纹孔的和固定螺母嵌件的两种。两种螺纹型芯在结构上没有原则上的区别，用来成型塑件螺孔的螺纹型芯在设计时必须考虑塑料收缩率，表面粗糙度值要小（$Ra < 0.4\ \mu m$），螺纹始端和末端按塑料螺纹结构要求设计，以防从塑件上拧下时拉毛塑料螺纹；而固定螺母的螺纹型芯不必放收缩率，按普通螺纹制造即可。

螺纹型芯安装在模具上，成型时要可靠定位，不能因合模振动或料流冲击而移动；开模时能与塑件一道取出并便于装卸。螺纹型芯在模具上的安装形式如图6-3-15所示。图6-3-15（a）～图6-3-15（c）是成型内螺纹的螺纹型芯；图6-3-15（d）～图6-3-15（f）是安装螺纹嵌件的螺纹型。图6-3-15（a）是利用锥面定位和支撑的形式；图6-3-15（b）是用大圆柱面定位和台阶支承的形式；图6-3-15（c）是用圆柱面定位和垫板支撑的形式；图6-3-15（d）是利用嵌件与模具的接触面起支撑作用，以防型芯受压下沉；图6-3-15（e）是将嵌件下端镶入模板中，以增加嵌件的稳定性，并防止塑料挤入嵌件螺孔中；图6-3-15（f）是将小直径的螺纹嵌件直接插入固定在模具上的光杆型芯上，因螺纹牙沟槽很细小，塑料仅能挤入一小段，但并不妨碍使用，这样可省去模外脱卸螺纹的操作。

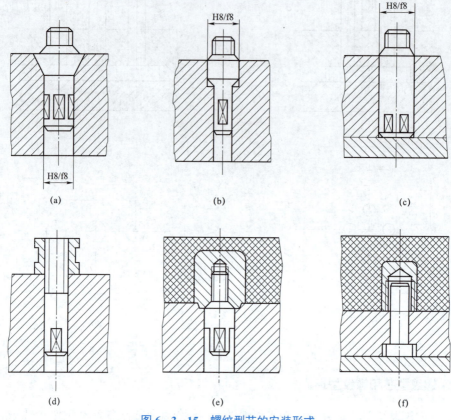

图 6 − 3 − 15　螺纹型芯的安装形式

螺纹型芯的非成型端应制成方形或将相对两边磨成两个平面，以便在模外用工具将其旋下。

图 6 − 3 − 16 是固定在立式注射机上模或卧式注射机动模部分的螺纹型芯结构及固定方法。

由于合模时冲击振动较大，螺纹型芯插入时应有弹性连接装置，以免造成型芯脱落或移动，导致塑件报废或模具损伤。图 6 − 3 − 16（a）是带豁口柄的结构，豁口柄的弹力将型芯支撑在模具内，适用于直径小于 8 mm 的型芯；图 6 − 3 − 16（b）利用台阶起定位作用，并能防止成型螺纹时挤入塑料；图 6 − 3 − 16（c）、图 6 − 3 − 16（d）利用弹簧钢丝定位，常用在直径为 5～10 mm 的型芯上；当螺纹型芯直径大于 10 mm 时，可采用图 6 − 3 − 16（e）的结构，用钢球弹簧固定，当螺纹型芯直径大于 15 mm 时，则可反过来将钢球和弹簧装置在型芯杆内；图 6 − 3 − 16（f）利用弹簧卡圈固定型芯；图 6 − 3 − 16（g）利用弹簧夹头固定型芯。

螺纹型芯与模板内安装孔的配合用 H8/f8。

2. 螺纹型环的结构

螺纹型环常见的结构如图 6 − 3 − 17 所示。图 6 − 3 − 17（a）是整体式螺纹型环，型环与模板的配合用 H8/f8，配合段长 3～5 mm，为了安装方便，配合段以外制出 3°～5° 的斜度，型环下端可铣成方形，以便用扳手从塑件上拧下；图 6 − 3 − 17（b）是组合式螺纹型环，型环由两半瓣拼合而成，两半瓣中间用导向销定位。成型后用尖劈状卸模器楔入型环两边的楔形槽内，使螺纹型环分开。组合式型环卸螺纹快而省力，但在成型的塑料外螺纹上留下难以修整的拼合痕迹，因此，这种结构只适用于精度要求不高的粗牙螺纹的成型。

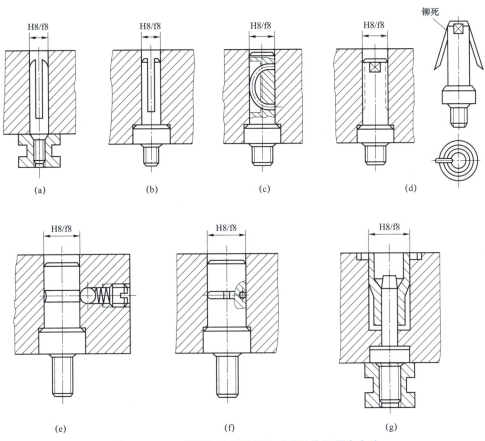

图 6-3-16　带弹性连接的螺纹型芯结构及固定方法

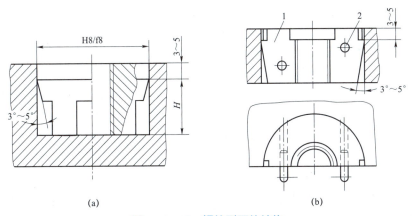

图 6-3-17　螺纹型环的结构

1—螺纹型环；2—定位销钉

二、定义区域

当产品零件完成分型面创建以后，需要进行的操作是【定义区域】命令。【定义区域】是指定义型腔区域和型芯区域，并抽取出区域面。区域面即产品外侧和内侧的复制曲面。

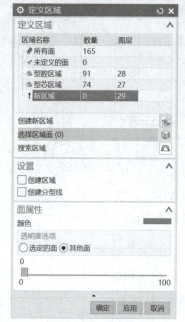

图 6 − 3 − 18 【定义区域】对话框

在【分型刀具】工具条中，单击【定义区域】按钮，程序弹出【定义区域】对话框，如图 6 − 3 − 18 所示。

1. 定义区域

该选项组的主要作用是定义型腔区域和型芯区域。在区域列表中列出的参考数据，就是区域分析后的结果数据。

【所有面】：包含产品中定义的和未定义的所有面。

【未定义的面】：未定义出是型腔区域还是型芯区域的面。

【型腔区域】：包含属于型腔区域的所有面。

【型芯区域】：包含属于型芯区域的所有面。

【新区域】：属于新区域的面。

【创建新区域】：激活此命令后，可以创建新的区域，为创建抽芯滑块和斜顶机构提供方便。

【选择区域面】：在区域列表中选择一个区域后，激活【选择区域面】命令，可以为该区域添加新的面。

2. 设置

该选项组中包含两个复选框，其含义如下。

【创建区域】：勾选此复选框，程序将抽取型腔区域面和型芯区域面；若取消勾选，则不会抽取区域面。

【创建分型线】：勾选此复选框，可在抽取区域面后抽取出产品的分型线，包括内部环和分型边。

3. 面属性

该选项组用来设置区域面的颜色及透明度的显示。

【颜色】：单击【颜色块】按钮，将弹出【颜色】对话框，如图 6 − 3 − 19 所示。通过该对话框，可将所选区域面的颜色更改为用户需要的颜色。

【透明度选项】：用于设置区域面的透明度，包括两个子选项，即【选定的面】和【其他面】。选择【选定的面】选项，拖动滑块将改变选定区域面的透明度；选择【其他面】选项，拖动滑块将改变除选定面以外的面的透明度。

三、定义型腔和型芯

当【注塑模向导】的模具设计面处于区域定义完成阶段时，可以使用【定义型腔和型芯】工具来创建模具的型腔和型芯零部件。

在【分型刀具】工具条中单击【定义型腔和型芯】按钮，程序将弹出【定义型腔和型芯】对话框，如图 6 − 3 − 20 所示。

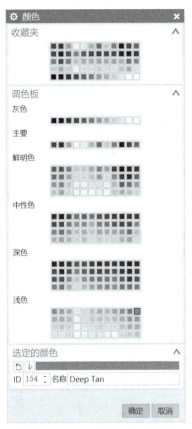

图 6-3-19　【颜色】对话框

图 6-3-20　【定义型腔和型芯】对话框

该对话框中各选项的含义如下。

【所有区域】：选择此选项，可同时创建型腔和型芯。

【型腔区域】：选择此选项，可自动创建型腔。

【型芯区域】：选择此选项，可自动创建型芯。

【选择片体】：当程序不能完全拾取分型面时，用户可手动选择片体或曲面来添加或取消多余的分型面。

【抑制分型】：撤销创建的型腔与型芯部件（包括型腔与型芯的所有部件信息）。

【缝合公差】：主分型面与补片缝合时所取的公差范围值。若间隙大，此值可取大一些，若间隙小，此值可取小一些，一般情况下保留默认值。有时型腔、型芯分不开，这与缝合公差的取值有很大关系。

1. 分割型腔或型芯

若用户没有对产品进行项目初始化操作，而直接进行型腔或型芯的分割操作，则需要手工添加或删除分型面。

若用户对产品进行了项目初始化操作，则在【选择片体】选项组的列表中选择【型腔区域】选项，然后单击【应用】按钮，程序会自动选择并缝合型腔区域面、主分型面和型腔侧曲面补片。如果缝合的分型面没有间隙、重叠或交叉等问题，程序会自动分割出型腔部件。

269

2. 分型面检查

当缝合的分型面出现问题时，可选择【检查几何体】命令，通过弹出的【检查几何体】对话框对分型面中存在的交叉、重叠或间隙等问题进行检查。

在【检查几何体】对话框的【操作】选项组中单击【信息】按钮，程序会弹出【信息】窗口，通过该窗口，用户可以查看分型面检查的信息。

四、其他分型工具

在成功进行了型腔、型芯分割操作后，【注塑模向导】模块还提供了其他辅助工具，用于辅助模具自动分型。辅助工具包括【交换模型】和【备份分型/补片片体】。

1. 交换模型

【交换模型】是当产品模型与原模型发生改变时，通过选择原模型与发生改变的模型进行交换，仅当模型发生改变后才可以使用此功能。

图 6-3-21 【备份分型对象】对话框

2. 备份分型/补片片体

【备份分型/补片片体】是将分模面和补片片体进行备份保存，避免产生因在后续设计过程中不慎将分模面和补片片体删除而无法查找的情况。

在【分型刀具】工具条中单击【备份分型/补片片体】按钮，程序弹出【备份分型对象】对话框，如图 6-3-21 所示。

通过选择【类型】下拉列表框中的选项，可以将【分型面】【曲面补】片或两者进行保存。

视频 20 游戏手柄上壳模具的型腔分割

任务实施

任务 2 中，游戏手柄上壳已完成分型面的创建。本任务的要求是完成该产品的分模设计。

操作步骤如下。

Step1 启动 NX 软件，从光盘中打开任务 2 完成的模型。

Step2 选择【注塑模向导】应用模块，在【分型刀具】工具条中，单击【定义区域】按钮，程序弹出【定义区域】对话框，在【定义区域】选项组中选择【型腔区域】选项，通过拖动【面属性】选项组下面的滑块，查看组成型腔的面。继续在【定义区域】选项组中选择【型芯区域】选项，通过拖动【面属性】选项组下面的滑块，查看组成型芯的面。经确认型腔和型芯的组成无误以后，选中【定义区域】选项组中的【所有面】选项，然后勾选【创建区域】复选框，最后单击【确定】按钮，完成抽取区域和分型线的操作，如图 6-3-22 所示。

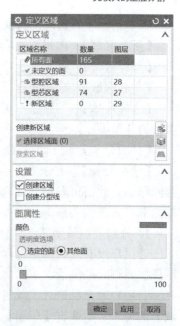

图 6-3-22 【定义区域】对话框

Step3 在完成上面的操作后，在【分型刀具】工具条中单击【定义型腔和型芯】按钮 ，程序将弹出【定义型腔和型芯】对话框。在【选择片体】下拉列表中选择【所有区域】选项，然后勾选【没有交互查询】复选框，单击【确定】按钮，如图6-3-23所示。

图6-3-23　【定义型腔和型芯】对话框

检查显示的型腔与型芯是否还有问题，没有问题后，单击文件下方的【全部保存】按钮，如图6-3-24、图6-3-25所示。

图6-3-24　型腔

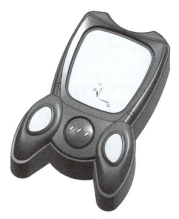

图6-3-25　型芯

任务总结

至此，游戏手柄壳的分模过程已经全部结束。此任务在企业模具设计中的运用较多，是踏入模具设计岗位的基础认知与准备，为后续数控加工提供了基础。模具是工业生产的基础工艺装备，模具生产水平的高低，已成为衡量一个国家产品制造水平高低的主要标志，在很大程度上决定着产品的质量、效益和新产品的开发能力。随着 CAD/CAM、数控加工及快速成形等先进制造技术的不断发展，以及这些技术在模具行业中的普及应用，模具设计与制造领域正发生着一场深刻的技术革命，传统的二维设计及模拟量加工方式正逐步被基于产品三维数字化定义和数字制造方式所取代。

项目评价

评价内容					学生姓名				评价日期			
评价项目	学生自评				生生互评				教师评价			
	优	良	中	差	优	良	中	差	优	良	中	差
课堂表现												
回答问题												
作业态度												
知识掌握												
综合评价			寄语									

项目七
卸料板零件加工

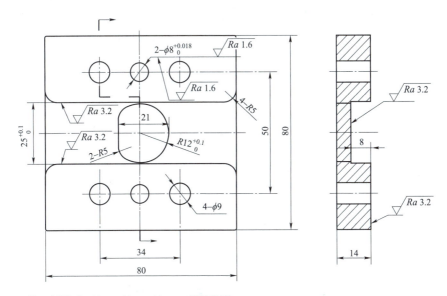

注：毛胚尺寸：80 mm×80 mm×16 mm，基准面已铣。

卸料板

UG NX 是数控行业具有代表性的数控自动编程软件之一。UG NX 的 CAM 模块就是 UG NX 的计算机辅助制造模块，与 UG NX 的 CAD 模块紧密地集成在一起，它具有应用范围广，效率高，生成的刀具轨迹合理等优点。

UG NX 自动编程相对于手动编程而言，编程人员只需根据零件图样的要求，使用 UG NX

的加工功能，人机结合，自动地进行数值计算及后置处理，编写出零件加工程序单，加工程序通过直接通信的方式送入数控机床，指挥机床工作，使得一些计算繁琐、手工编程困难或无法编出的程序能够顺利地完成，应用越来越广泛。

　　本项目中的卸料板是冲裁模重要的零件之一，是冲裁模完成冲裁加工后，从凸模上卸下条料或废料的模具卸料件。本卸料板还起导向作用，需要根据图纸要求，合理地运用 UG 进行自动编程，并保证其能运用于实际加工。

项 目 工 作 场 景

　　本项目源于某模具零件制造企业的零件加工项目。项目实施涉及孔加工和平面铣加工的实际加工情境，需要结合企业实际加工来完成此项任务。

方 案 设 计

　　本项目主要通过两个任务来学习 UG NX 的计算机辅助制造模块（CAM 模块）中孔加工和平面铣加工，并辅以拓展任务来学习型腔铣开粗加工，最终合理完成卸料板的加工。本项目按照卸料板在企业的实际加工，以 CAM 模块的基本知识为基础，以加工工序为主线，把软件功能和加工要求紧密结合，重点突出了孔加工和平面铣的操作要点；并且通过刀路轨迹的分析，适当进行软件编程中不同参数设置的比较和相关技巧的学习；最后为了激发学生兴趣，还要求体现仿真效果，把生成的程序处理后传输到机床进行加工，让学生体验到真实加工的乐趣。

相 关 知 识 和 技 能

- 了解软件在零件加工中的一般流程。
- 学会运用 UG 孔加工的相关工艺和命令。
- 学会运用 UG 平面铣加工的相关工艺和命令。
- 能够根据刀路轨迹进行加工参数的优化。
- 初步学会型腔铣粗加工的相关工艺和命令。

任务 1　卸料板孔加工

任务目标

　　（1）了解 NX 自动编程的一般步骤。
　　（2）掌握 NX 面铣加工的相关工艺和命令。
　　（3）掌握 NX 孔加工的相关工艺和命令。

（4）会进行工序的可视化刀轨确认。

任务分析

本项目的对象是真实的模具零件——卸料板。在任务 1 中将完成项目需要的面铣加工和孔加工部分。完成本任务需要具备一定的制图知识，要根据零件图中任务 1 所需加工部分的结构特点和加工精度要求，制定合理的加工工艺，学习 UG CAM 中面铣加工和孔加工的主要操作过程，并能生成工序的刀具轨迹图，进行 3D 仿真。

知识准备

一、UG CAM 概述

UG NX 是当前世界最先进、面向先进制造行业、紧密集成的 CAID/CAD/CAE/CAM 软件系统，提供了从产品设计、分析、仿真、数控程序生成等一整套解决方案。UG CAM 是整个 UG 系统的一部分，它以三维主模型为基础，具有强大可靠的刀具轨迹生成方法，可以完成铣削（2.5～5 轴）、车削、线切割等的编程。

UG CAM 主要由 5 个模块组成，即交互工艺参数输入模块、刀具轨迹生成模块、刀具轨迹编辑模块、三维加工动态仿真模块和后置处理模块。下面对这 5 个模块作简单的介绍。

（一）交互工艺参数输入模块

该模块通过人机交互的方式，用对话框和过程向导的形式输入刀具、夹具、编程原点、毛坯和零件等工艺参数。

（二）刀具轨迹生成模块

该模块具有非常丰富的刀具轨迹生成方法，主要包括铣削（2.5～5 轴）、车削、线切割等加工方法。本书主要讲解 2.5 轴和 3 轴数控铣加工。

（三）刀具轨迹编辑模块

该模块可用于观察刀具的运动轨迹，并提供延伸、缩短和修改刀具轨迹的功能。同时，能够通过控制图形和文本的信息编辑刀轨。

（四）三维加工动态仿真模块

该模块是一个无须利用机床、成本低、高效率的测试 NC 加工的方法。可以检验刀具与零件和夹具是否发生碰撞、是否过切以及加工余量分布等情况，以便在编程过程中及时解决。

（五）后处理模块

该模块包括一个通用的后置处理器，用户可以方便地建立用户定制的后置处理。通过使用加工数据文件生成器，一系列交互选项提示用户选择定义特定机床和控制器特性的参数，包括控制器和机床规格与类型、插补方式、标准循环等。

二、创建零件加工工序的一般步骤

（一）分析零件图

（1）分析零件结构情况，明确需要加工的部分及其结构特征。
（2）分析零件精度要求，明确零件不同加工部位的加工精度要求。

（二）确定装夹方式

正确选定装夹方式以保证足够的精度和刚度，可靠的定位基准。

（三）工艺路线的拟定

（1）选择加工方法：结合零件图，确定加工方法。
（2）选择加工刀具：根据加工需求，选择合适刀具
（3）安排加工顺序：切削加工工序的安排，加工余量的确定。

（四）工序安排

制定加工工序卡，如表 7－1－1 所示。

表 7－1－1　加工工序卡

工序	主要内容	刀具	切削用量		
			主轴转速/ （r · min^{-1}）	进给率/ （mm · min^{-1}）	切削深度/ mm
1					
2					
3					
4					
5					

三、加工环境及编程界面简介

（一）加工环境简介

首先打开要进行编程的模型，然后如图 7－1－1 所示在菜单栏中选择【应用模块】，在【加工工具组】中单击【加工】命令或按 Ctrl＋Alt＋M 组合键；当第一次进入编程界面时，会弹出【加工环境】对话框，如图 7－1－2 所示；在【加工环境】对话框中选择加工模板，【CAM会话配置】选项组包括各种类型的加工功能，一般选择【cam_general】（一般的加工配置）；【要创建的 CAM 组装】中有一般的加工配置的具体模板，常用的有【mill_planar】（平面铣）【mill_contour】（型腔铣）【drill】（点位加工）【hole_making】（孔特征加工）【mill_multi－axis】

（多轴加工），可根据需要选择其中之一。

【平面铣】：用来对二维零件进行加工，整个零件需要加工的部位都是由水平面和竖直面构成。

【型腔铣】：可以针对复杂一点的形状，可加工的工件侧壁可垂直也可不垂直，底面或顶面可为平面也可为曲面，如模具的型芯和型腔等。

【点位加工】：主要用于点孔、钻孔、镗孔和攻丝。

【孔特征加工】：能够按照孔特征进行加工，如加工螺纹孔时，点、钻、攻跟着特征进行加工，不需要再分步骤。

【多轴加工】：多坐标联动加工，针对 4 轴、5 轴加工。

【小提醒】
　　一般加工配置的具体模板如果选择错误，也可以在后面创建工序时修改。

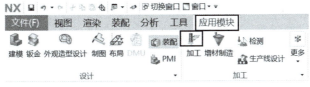

图 7-1-1　【加工】命令位置

图 7-1-2　【加工环境】对话框

（二）编程界面简介

在【加工环境】对话框中单击【确定】按钮即可正式进入编程主界面，如图 7-1-3 所示。进入编程主界面后，会发现其与以前的建模界面有一定的区别，主要体现在工具栏和导航栏。

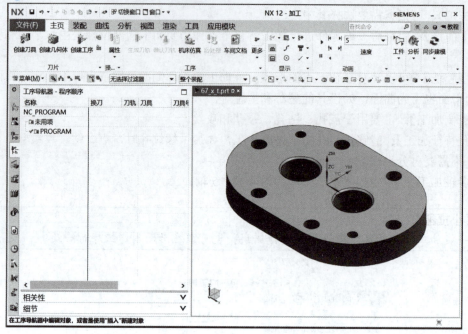

图 7-1-3　编程主界面

1. 工具栏

建模环境下的工具栏换成了加工环境下的工具栏，主要包括【刀片】组、【操作】组、【工序】组、【显示】组、【动画】组等，如图 7-1-4 所示。

图 7-1-4　工具栏

2. 工序导航器

导航栏里面增加了工序导航器，单击【工序导航器】按钮，即可显示【工序导航器】，如图 7-1-5 所示。在【工序导航器】中的空白处单击鼠标右键，弹出快捷菜单，通过该菜单可以切换【程序顺序视图】【机床视图】【几何视图】和【加工方法视图】，也可以进行其他编辑，如图 7-1-6 所示。

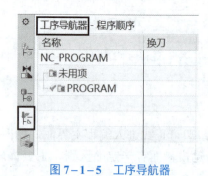

图 7-1-5　工序导航器

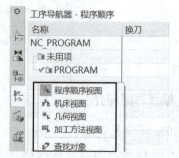

图 7-1-6　【工序导航器】右键菜单

【小提醒】

也可在导航栏上方的工具导航器组进行4种视图方式的转换。

四、软件加工准备操作

（一）创建几何体

在【工序导航器】中单击鼠标右键，在弹出的快捷菜单中选择【几何视图】，然后双击 MCS_MILL 设置加工坐标系、安全平面，如图7-1-7所示，安全平面设置要考虑工件形状、实际加工和装夹情况；双击 WORKPIECE，弹出【工件】对话框，在【几何体】选项组中单击【指定部件】按钮选择部件，单击【指定毛坯】按钮选择毛坯，如图7-1-8所示。

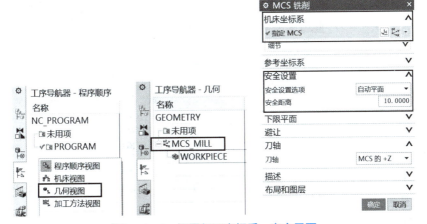

图7-1-7　设置加工坐标系、安全平面

【小提醒】

在开始加工前务必先将工件坐标系运用 WCS 定向 命令移到毛坯上表面或工件表面，或用 变换命令移动零件，在实际加工时调整对刀坐标。

图7-1-8　选择部件和毛坯

（二）创建刀具

在【工序导航器】中单击鼠标右键，如图7-1-9所示，在弹出的快捷菜单中选择【机床视图】，在工具栏【刀片】组里单击【创建刀具】按钮，弹出【创建刀具】对话框，选择加工类型和刀具子类型。在【类型】选项组中选择【mill_planar】可以看到（铣刀）、（倒角刀）、（球刀）等，在【名称】文本框中输入刀具的名称，单击【确定】按钮，弹出【铣刀与参数】对话框，结合图例在【尺寸】文本框中输入【直径】和【下半径】的值等，根据自动换刀需求在【编号】文本框输入【刀具号】【补偿寄存器】和【刀具补偿寄存器】的值，最后单击【确定】按钮完成设置。

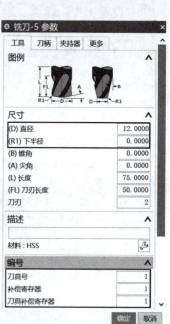

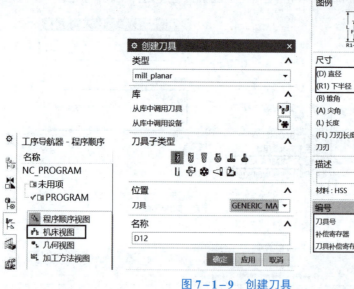

图7-1-9 创建刀具

（三）创建程序

在【工序导航器】中单击鼠标右键，如图7-1-10所示，在弹出的快捷菜单中选择【程序顺序视图】，在工具栏【刀片】组里单击【创建程序】按钮，弹出【创建程序】对话框，

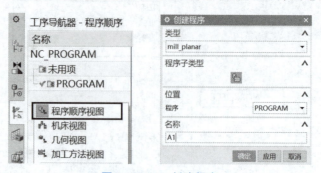

图7-1-10 创建程序

选择程序类型和程序位置，在【名称】文本框中输入程序名称，单击【确定】按钮进入【程序】对话框。如图 7-1-11 所示，可进行相关信息描述，继续单击【确定】按钮后在【工序导航器】中弹出新程序，根据需要可按照上述步骤继续设置其他程序。

图 7-1-11 创建程序

（四）创建工序

在工具栏【刀片】组里单击【创建工序】按钮，弹出【创建工序】对话框，如图 7-1-12 所示选择【类型】和【工序子类型】，然后在【位置】选项组的各文本框中选择【程序】【刀具】【几何体】和【方法】，输入工序名称，单击【确定】按钮即可弹出新的对话框，从而进一步设置加工参数。

五、工具路径的显示及检验

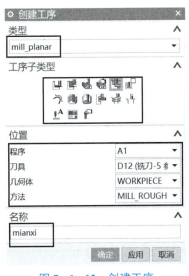

如图 7-1-13 所示，单击【生成刀路】按钮 时，系统就会自动显示刀具路径的轨迹，当进行其他操作时，这些刀路轨迹就会消失，如想再次查看，则可先选中该程序，再单击鼠标右键，然后在弹出的快捷菜单中单击【重播】按钮 ，即可重新显示刀路轨迹。编程初学者往往不能根据显示的刀路轨迹判别刀路的好坏，而需要进行实体模拟验证，可单击【确认刀轨】按钮 ，弹出【刀轨可视化】对话框，接

图 7-1-12 创建工序

着选择【3D 动态】，然后单击【播放】按钮，系统开始进行实体模拟验证。

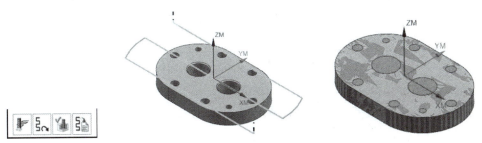

图 7-1-13 工具路径的显示及检验

六、孔加工

孔加工也称为点位加工，可以创建钻孔、攻螺纹、镗孔、扩孔和铰孔等加工操作。在孔加工中刀具首先快速移动至加工位置上方，然后切削零件，完成切削后迅速退回安全平面，如果使用 NX 进行孔加工的编程，就可以直接生成完整的数控程序，然后传送到机床中进行加工。特别在零件的孔数目比较多、位置比较复杂的时候，可以大量节省人工输入所占用的时间，同时能大大降低人工输入传动的错误率，提高机床的效率。

任务实施

视频 21　卸料板孔加工

Step1　制定任务 1 工序。

1. 分析零件图

（1）零件结构：本任务中包括长方体整体和 9 个孔。

（2）零件精度：本任务中长方体长宽高尺寸、4 个 $\phi 9$ 孔尺寸无上下偏差，要求不高；$\phi 8$ 孔尺寸有上下偏差，精度要求较高；并且顶平面和 $\phi 8$ 孔均有明确的粗糙度要求。

2. 确定装夹方式

采用常规通用夹具中的平口钳装夹完成，装夹不能影响加工。

3. 工艺路线的拟定

（1）选择加工方法。

本任务大平面采用面铣粗、精加工，$\phi 9$ 孔采用一般钻孔方式，$\phi 8$ 孔采用一般铰孔方式。

（2）选择加工刀具。

D53 面铣刀、D8 中心钻、D6.8 钻头、D7.8 钻头、D9 钻头、D8 铰刀。

（3）安排加工顺序：先面后孔，先粗后精。

4. 工序安排

制定卸料板任务 1 加工工序卡，如表 7－1－2 所示。

表 7－1－2　卸料板任务 1 加工工序卡

工序	主要内容	刀具	切削用量		
			主轴转速/ （r · min⁻¹）	进给率/ （mm · min⁻¹）	切削深度/ mm
1	面铣粗加工	D53 面铣刀	S800	F900	1.9
2	面铣精加工	D53 面铣刀	S2600	F800	0.1
3	钻中心孔	D8 中心钻	S1200	F100	—
4	D9 钻孔	D9 钻头	S900	F70	—
5	D6.8 预钻孔	D6.8 钻头	S1100	F70	—
6	D7.8 扩孔	D7.8 钻头	S900	F70	—
7	D8 铰孔	D8 铰刀	S210	F30	—

Step2 坐标系预设置。

启动 NX 软件，单击【打开】按钮 （或按 Ctrl＋O 组合键），选择卸料板模型打开，如图 7-1-14 所示，工作坐标系和绝对坐标系重合，但不在模型上表面绘制辅助直线。如图 7-1-15 所示，选择【菜单】|【编辑】|【移动对象】命令，弹出【移动对象】对话框。如图 7-1-16 所示，选择卸料板模型为移动对象，【运动】选择【点到点】，出发点选直线中点，目标点单击 ，弹出【点】对话框，目标点选择绝对坐标系原点，单击两次【确定】按钮，完成移动，如图 7-1-17 所示。

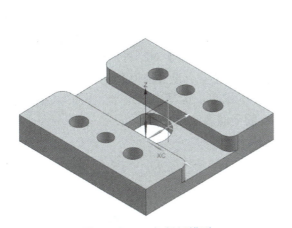

图 7-1-14 卸料板模型

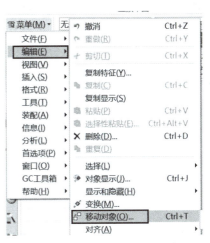

图 7-1-15 【移动对象】命令

图 7-1-16 【移动对象】对话框

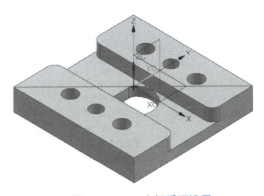

图 7-1-17 坐标系预设置

Step3 设置加工环境。

先在菜单条中选择【应用模块】，然后在【加工工具组】中单击【加工】按钮或按 Ctrl＋Alt＋M 组合键，弹出【加工环境】对话框，如图 7-1-18 所示。在【加工环境】对话框中选择加工模板，在【CAM 会话配置】中选择【cam_general】，在【要创建的 CAM 组装】中选择【mill_planar】，单击【确定】按钮，进入加工环境，导航栏里弹出了【工序导航器】，

图 7-1-18 【加工环境】对话框

工具栏里弹出了【刀片】组【操作】组【工序】组【显示】组、【动画】组等。

Step4 创建几何体。

（1）创建加工坐标系和安全平面。在【工序导航器】中单击鼠标右键，在弹出的快捷菜单中选择【几何视图】，然后双击 MCS_MILL，弹出【MCS 铣削】对话框，如图 7-1-19 所示。首先设置加工坐标系：在机床坐标系中单击，弹出【CSYS】对话框，由于坐标系已预设置，发现 MCS 坐标系已经和 WCS 坐标系重合；如果两个坐标系不重合，参考坐标系选择【WCS】，设置 MCS 坐标系与 WCS 坐标系重合；单击【确定】按钮，返回【MCS 铣削】对话框。然后如图 7-1-20 所示设置安全平面，在【安全设置选项】选择"平面"，单击【指定平面】右侧下拉菜单，选择"XC-YC 平面"，并设置该平面以上 30 mm 的平面为安全平面。

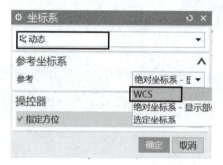

图 7-1-19 加工坐标系设置

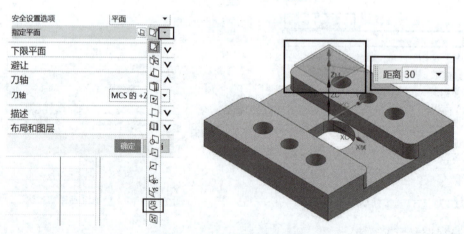

图 7-1-20 安全平面设置

（2）创建几何体（选择加工部件、创建毛坯）。双击 WORKPIECE，弹出【工件】对话框，单击，弹出【部件几何体】对话框，在【几何体】选项组中选择零件模型为加工部件，单击【确定】按钮。单击，弹出【毛坯几何体】对话框，如图 7-1-21 所示。单击【几何体】下拉菜单，选择【包容块】，根据毛坯大小，输入 *X*、*Y*、*Z* 方向上增量数值，如图 7-1-22 所示。单击【确定】按钮，返回【工件】对话框，再单击【确定】按钮，完成创建。

图 7-1-21　【毛坯几何体】对话框

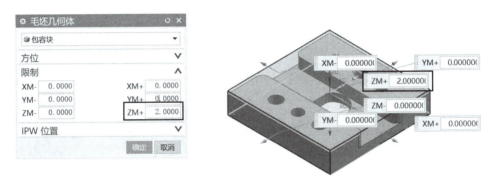

图 7-1-22　毛坯几何体设置

Step5　创建刀具。

（1）创建面铣刀。在【工序导航器】中单击鼠标右键，在弹出的快捷菜单中选择【机床视图】，在工具栏【刀片】组中单击【创建刀具】按钮 ，弹出【创建刀具】对话框，如图 7-1-23 所示。【类型】选择"mill_planar"，【刀具子类型】选择" （铣刀）"，在【名称】文本框中输入"D63 面铣刀"。接着单击【应用】按钮，弹出【铣刀-5 参数】对话框，如图 7-1-24 所示。在【尺寸】文本框中输入刀具【直径】为"63"，根据自动换刀需求在【编号】文本框中输入【刀具号】【补偿寄存器】和【刀具补偿寄存器】均为"1"，其他参数也可根据实际需要设定。最后单击【确定】按钮，返回【创建刀具】对话框，完成了创建直径为 63 mm 的面铣刀。

（2）创建中心钻。【创建刀具】对话框如图 7-1-25 所示，【类型】选择【hole_making】（孔特征加工），在【刀具子类型】里选择" （中心钻）"，在【名称】文本框中输入"D8 中心钻"。接着单击【应用】按钮，弹出【中心钻刀】对话框（图 7-1-26），结合图例图形在【尺寸】文本框中输入刀具【直径】为"8"，根据自动换刀需求在【编号】的【刀具号】【补偿寄存器】文本框中均输入"2"，其他参数也可根据实际需要设定。最后单击【确定】按钮，返回【创建刀具】对话框，完成了创建直径为 8 mm 的中心钻。

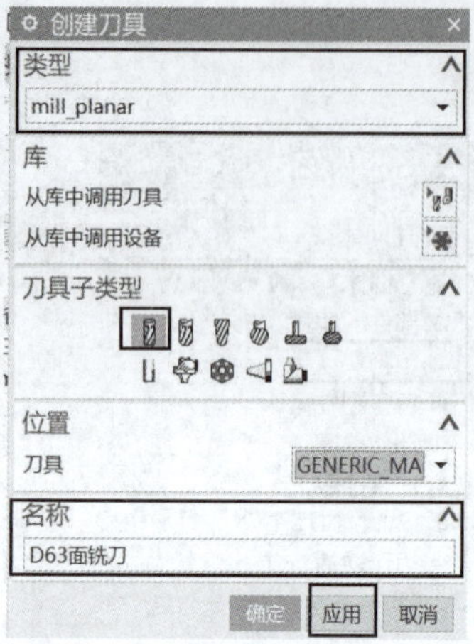

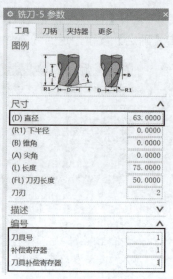

图 7-1-23 【创建刀具】对话框

图 7-1-24 【铣刀-5 参数】对话框

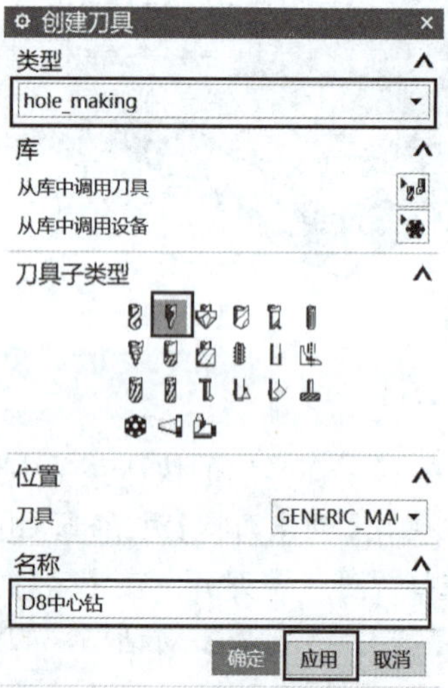

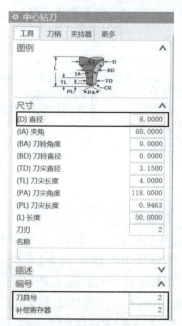

图 7-1-25 【创建刀具】对话框

图 7-1-26 【中心钻刀】对话框

（3）创建钻头。在【创建刀具】对话框中，选择【刀具子类型】钻头"⚒"，在【名称】文本框中输入"D6.8 钻头"，如图 7-1-27 所示。接着单击【应用】按钮，弹出【钻刀】对话框，如图 7-1-28 所示。在【尺寸】文本框中输入刀具【直径】为"6.8"，根据自动换刀需求在【编号】的【刀具号】【补偿寄存器】文本框中均输入"3"。其他参数也可根据实际需要设定。最后单击【确定】按钮，返回【创建刀具】对话框，完成了创建 D6.8 的钻头，作为 D8 铰孔预钻的钻头。同样方法继续创建 D7.8 的钻头，作为预钻孔扩孔的钻头。在【名称】文本框中输入"D7.8 钻头"，在【尺寸】文本框中输入刀具【直径】为"7.8"，根据自动换刀需要在【编号】的【刀具号】【补偿寄存器】文本框中均输入"4"。继续创建 D9 的钻头，作为钻 ϕ9 的孔的钻头，根据自动换刀需要在【编号】的【刀具号】【补偿寄存器】和文本框中均输入"5"。

图 7-1-27　【创建刀具】对话框

图 7-1-28　【钻刀】对话框

（4）创建铰刀。在【创建刀具】对话框中，【刀具子类型】选择"▮（铰刀）"，在【名称】文本框中输入"D8 铰刀"，如图 7-1-29 所示。接着单击【应用】按钮，弹出【铰刀】对话框，如图 7-1-30 所示，在【尺寸】文本框输入刀具【直径】为"8"，根据自动换刀需求在【编号】的【刀具号】【补偿寄存器】文本框中均输入"7"，其他参数也可根据实际需要设定。最后单击【确定】按钮，返回【创建刀具】对话框，继续创建 D8 的铰刀，作为 ϕ8 孔的铰刀。

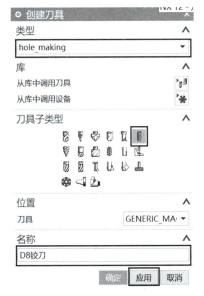

图 7-1-29　【创建刀具】对话框

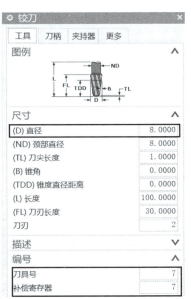

图 7-1-30　【铰刀】对话框

Step6 创建程序。

在【工序导航器】中单击鼠标右键，在弹出的快捷菜单中选择【程序顺序视图】，在工具栏【刀片】组里单击【创建程序】按钮，弹出【创建程序】对话框，首先【类型】选择"mill_planar"，后面在创建工序时按实际情况改动；接着设置【位置】选项组的【程序】为"PROGRAM"，在【名称】文本框中输入"卸料板正面加工"，如图7-1-31所示，单击【确定】按钮进入【程序】对话框，可进行相关信息描述；继续单击【确定】按钮，在【工序导航器】中，程序【卸料板正面加工】出现在"PROGRAM"下，如图7-1-32所示。

图7-1-31 【创建程序】对话框

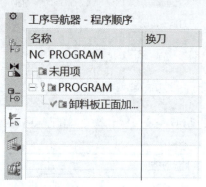

图7-1-32 【卸料板正面加工】程序

Step7 创建工序。

1. 面铣粗加工

（1）面铣粗加工工序基本设置。在工具栏【刀片】组里单击【创建工序】按钮，弹出【创建工序】对话框，如图7-1-33所示。【类型】选择"mill_planar"，【工序子类型】选择"（平面铣）"，在【位置】选项组中，【程序】选择"卸料板正面加工"，【刀具】选择"D63面铣刀（铣刀-5参数）"，【几何体】选择"WORKPIECE"，【方法】选择"MILL_ROUGH"，输入工序【名称】为"面铣粗"，单击【应用】按钮，弹出如图7-1-34所示【面铣】对话框。

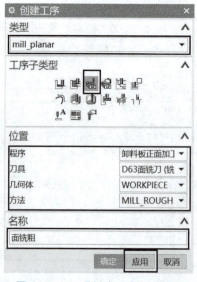

图7-1-33 【创建工序】对话框

图7-1-34 【面铣】对话框

（2）选取几何体。在【面铣】对话框的【几何体】选项组中，【几何体】选择"WORKPIECE"，【指定部件】默认为零件模型（继承自前面创建的几何体），单击【指定面边界】按钮⊗，弹出【毛坯边界】对话框，如图7-1-35所示。【选择方法】选择为"面"，【刀具侧】选择为"内侧"，【平面】选择为"指定"；然后如图7-1-36所示逐个选择3个上表面，每选一个平面按一次鼠标中键；最后单击【确定】按钮，返回【面铣】对话框。

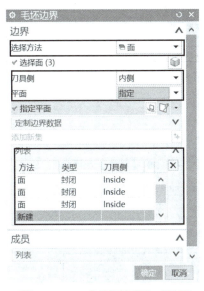

图7-1-35　【毛坯边界】对话框

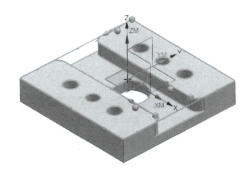

图7-1-36　上表面选择

（3）设置相关切削参数。在【面铣】对话框的【刀轨设置】选项组中，如图7-1-37所示设置【切削模式】【毛坯距离】【每刀切削深度】以及【最终底面余量】，留下【最终底面】"0.1"用于后面精加工。接着，单击按钮⧉，弹出【切削参数】对话框，在【策略】选项组中，如图7-1-38所示，设置【切削方向】和【切削角】，设置的【毛坯距离】要和【刀轨设置】选项组一致，在【余量】选项组中，如图7-1-39所示，设置【内公差】和【外公差】，设置的【最终底面余量】要和【刀轨设置】选项组一致，其他参数也可根据实际加工情况设置；接着，单击按钮⧉，弹出【非切削移动】对话框，在【进刀】选项组中，如图7-1-40所示设置【开放区域】相关参数，其他参数也可根据实际加工情况设置；单击按钮⬆，弹出【进给率和速度】对话框，如图7-1-41所示设置【进给率】和【主轴速度】，并单击▣自动计算得到表面速度和每齿进给量，单击【确定】按钮，返回【面铣】对话框。

（4）生成刀具轨迹。在【面铣】对话框的【操作】选项组中单击【生成】图标▶，计算生成面铣粗加工刀具轨迹，如图7-1-42所示。

（5）进行模拟加工。在【面铣】对话框的【操作】选项组中单击按钮◈，弹出【刀轨可视化】对话框，如图7-1-43所示选择【3D动态】选项组，单击按钮▶，进行模拟加工，观察加工过程是否合理。模拟加工结果如图7-1-44所示。如果存在问题，可进一步双击工序导航器中的工序【面铣粗】，弹出【面铣】对话框后修改参数。

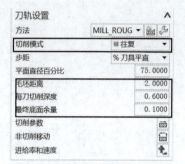

图 7-1-37 【刀轨设置】选项组

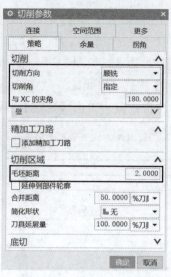

图 7-1-38 【策略】选项组

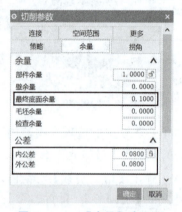

图 7-1-39 【余量】选项组

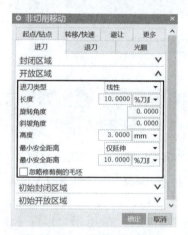

图 7-1-40 【进刀】选项组

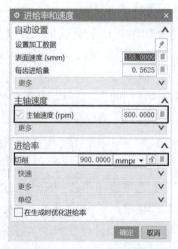

图 7-1-41 【进给率和速度】对话框

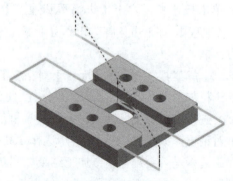

图 7-1-42 刀具轨迹

图 7-1-43　【刀轨可视化】对话框

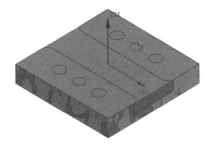

图 7-1-44　模拟加工结果

2. 面铣精加工

（1）复制工序。由于面铣粗加工和面铣精加工的对象都是上表面，加工方法也一致，只是相关参数有所区别，可以采用复制工序的方法来提高效率。先在【工序导航器】中选中工序【面铣粗】，单击右键，如图 7-1-45 所示，在弹出的快捷菜单中选择【复制】；再选中【面铣粗】单击右键，在弹出的快捷菜单中选择【粘贴】，在【工序导航器】中出现新工序；最后如图 7-1-46 所示，选择新工序单击右键，在弹出的快捷菜单中选择【重命名】，把工序名改为"面铣精"。

图 7-1-45　复制工序

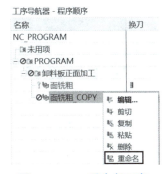

图 7-1-46　重命名工序

（2）更改参数。在【工序导航器】中双击工序【面铣粗】，或选中工序单击右键，在弹出的快捷菜单中选择【编辑】命令，弹出【面铣】对话框，【几何体】选项组中各项的选择和【面铣粗】相同，不再设置。在【刀轨设置】选项组中更改【每刀切削深度】和【最终底面余量】为"0"，如图 7-1-47 所示。单击按钮，弹出【进给率和速度】对话框，如图 7-1-48所示。更改【主轴速度】和【进给率】，并单击自动计算得到表面速度和每齿进给量，单击

【确定】按钮，返回【面铣】对话框，其他参数可采用系统默认的设置值。

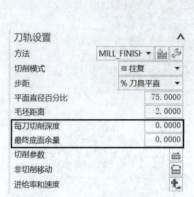

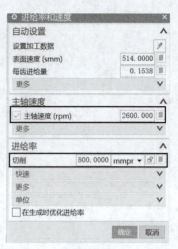

图 7-1-47 【刀轨设置】选项组　　　图 7-1-48 【进给率和速度】对话框

　　（3）生成刀具轨迹，进行模拟加工。与【面铣粗】加工步骤相同，在【面铣】对话框的【操作】选项组中单击【生成】按钮 ，计算生成面铣刀具轨迹，如图 7-1-49 所示。接着，单击按钮 ，弹出【刀轨可视化】对话框，选择"3D 动态"选项组，单击按钮 ，进行模拟加工，观察加工过程是否合理。模拟加工结果如图 7-1-50 所示。

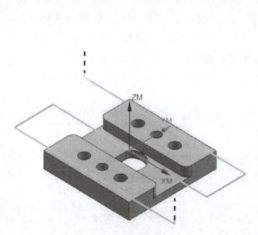

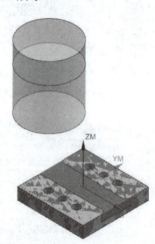

图 7-1-49　刀具轨迹　　　　　　　图 7-1-50　模拟加工结果

3. 钻中心孔

　　（1）钻中心孔工序基本设置。在工具栏【刀片】组里单击【创建工序】按钮 ，弹出【创建工序】对话框，如图 7-1-51 所示，【类型】选择【hole_making】，【工序子类型】选择 （钻中心孔），然后在【位置】选项组中，【程序】选择"卸料板正面加工"，【刀具】选择"D8中心钻"，【几何体】选择"WORKPIECE"，【方法】选择"MILL_METHOD"，输入工序【名称】为"钻中心孔"，如图 7-1-52 所示。单击【应用】按钮，弹出如图 7-1-53 所示【定心钻】对话框。

图 7-1-51　程序类型选择

图 7-1-52　【创建工序】对话框

（2）选取几何体。在【定心钻】对话框的【几何体】选项组中，【几何体】选择"WORKPIECE"，单击【指定特征几何体】按钮，弹出【特征几何体】对话框，如图 7-1-54 所示，依次选择 6 个孔，如图 7-1-55 所示，单击【确定】按钮，返回【定心钻】对话框。

（3）设置相关切削参数。在【定心钻】对话框的【刀轨设置】选项组中单击按钮，弹出【进给率和速度】对话框，如图 7-1-56 所示设置【进给率】和【速度】，并单击自动计算得到【表面速度】和【每齿进给量】，单击【确定】按钮，返回【定心钻】对话框。

图 7-1-53　【定心钻】对话框

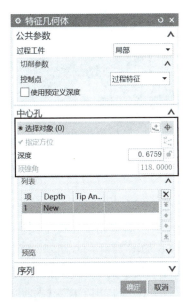

图 7-1-54　【特征几何体】对话框

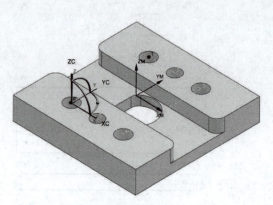

图 7-1-55　选择 6 个孔

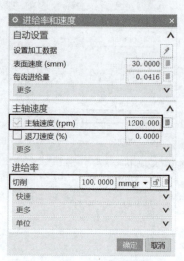

图 7-1-56　【进给率和速度】对话框

（4）生成刀具轨迹，进行模拟加工。在【定心钻】对话框的【操作】选项组中单击【生成】按钮，计算生成钻中心孔刀具轨迹，如图 7-1-57 所示。单击按钮，弹出【刀轨可视化】对话框，选择【3D 动态】选项组，单击按钮，进行模拟加工，观察加工过程是否合理，模拟加工结果如图 7-1-58 所示。如果存在问题，可进一步双击导航栏中的工序【钻中心孔】，弹出【定心钻】对话框后修改参数。

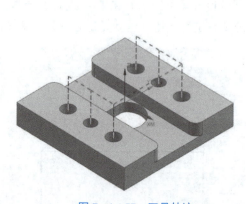

图 7-1-57　刀具轨迹

图 7-1-58　模拟加工结果

4. 钻 4 个 D9 孔

（1）钻孔工序基本设置。在工具栏【刀片组】里单击【创建工序】按钮，弹出【创建工序】对话框，如图 7-1-59 所示，【类型】选择"hole_making"，【工序子类型】选择（钻孔），然后在【位置】文本框中，【程序】选择"卸料板正面加工"，【刀具】选择"D9 钻头"，【几何体】选择"WORKPIECE"，【方法】选择"MILL_METHOD"，输入工序【名称】为"D9钻孔"，单击【应用】按钮，弹出如图 7-1-60 所示【钻孔】对话框。

图 7-1-59 【创建工序】对话框

图 7-1-60 【钻孔】对话框

（2）选取几何体。在【钻孔】对话框的【几何体】选项组中，【几何体】选择"WORKPIECE"，单击【指定特征几何体】按钮🦶，弹出【特征几何体】对话框，如图7-1-61所示，在【特征】选项组中设置【深度限制】为【通孔】，并依次选中4个φ9的孔，单击【确定】按钮，返回【定心钻】对话框。

（3）设置相关切削参数。在【钻头】对话框的【刀轨设置】选项组中单击按钮🦶，弹出【进给率和速度】对话框，如图7-1-62所示，设置【主轴速度】和【进给率】，并单击按钮🖩自动计算得到【表面速度】和【每齿进给量】，单击【确定】按钮，返回【钻孔】对话框，其他参数可采用系统默认的设置值。

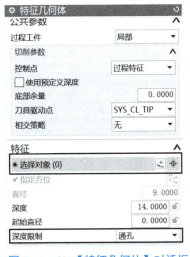

图 7-1-61 【特征几何体】对话框

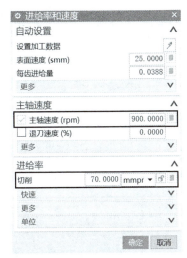

图 7-1-62 【进给率和速度】对话框

（4）生成刀具轨迹，进行模拟加工。在【钻孔】对话框的【操作】选项组中单击【生成】

按钮，计算生成钻孔加工刀具轨迹，并适当旋转，查看加工顺序和轨迹，如图 7−1−63 所示。单击按钮，弹出【刀轨可视化】对话框，选择【3D 动态】选项组，单击按钮▶，进行模拟加工，观察加工过程是否合理，模拟加工结果如图 7−1−64 所示。如果存在问题，可进一步双击导航栏中的工序【D9 钻孔】，弹出【钻孔】对话框后修改参数。

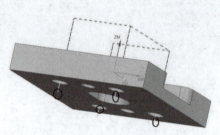

图 7−1−63　刀具轨迹

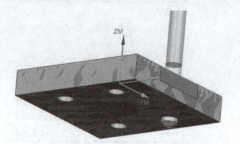

图 7−1−64　模拟加工结果

5. D6.8 预钻孔

（1）预钻孔工序基本设置。在工具栏【刀片组】里单击【创建工序】按钮，弹出【创建工序】对话框，如图 7−1−65 所示，【类型】选择"hole_making"，【工序子类型】选择""（钻中心孔），然后在【位置】文本框中，【程序】选择"卸料板正面加工"，【刀具】选择"D6.8 钻头"，【几何体】选择"WORKPIECE"，【方法】选择"MILL_METHOD"，输入工序【名称】为"D6.8 预钻孔"，单击【确定】按钮，弹出【钻孔】对话框。

（2）选取几何体。在【钻孔】对话框的【几何体】选项组中，【几何体】选择"WORKPIECE"，单击【指定特征几何体】按钮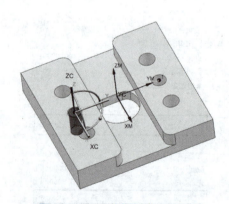，在弹出【特征几何体】对话框，在【特征】选项组中设置【深度限制】为【通孔】，依次选择两个 $\phi 8$ 的孔，如图 7−1−66 所示。

图 7−1−65　【创建工序】对话框

图 7−1−66　选择两个 $\phi 8$ 的孔

（3）设置相关切削参数。与【钻 $\phi 9$ 孔】步骤相同，在【钻头】对话框的【刀轨设置】选项组中单击按钮，弹出【进给率和速度】对话框，设置【主轴速度】为"1 100 r/min"、

【进给率】为"70 mm/min"，单击【确定】按钮返回【钻孔】对话框，其他参数可采用系统默认的设置值。

（4）生成刀具轨迹，进行模拟加工。在【钻孔】对话框的【操作】选项组中单击【生成】按钮，计算生成钻孔加工刀具轨迹，并适当旋转，查看加工顺序，检查是否是通孔，如图 7-1-67 所示。单击按钮，弹出【刀轨可视化】对话框，选择【3D 动态】选项组，单击按钮▶，进行模拟加工，观察加工过程是否合理，模拟加工结果如图 7-1-68 所示。如果存在问题，可进一步双击导航栏中的工序"D6.8 预钻孔"，弹出【钻孔】对话框后修改参数。

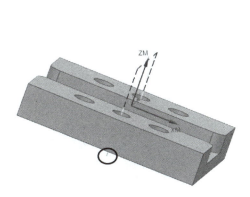

图 7-1-67 刀具轨迹

图 7-1-68 模拟加工结果

6. D7.8 钻孔

（1）复制工序。由于 D7.8 钻孔和 D6.8 预钻孔加工的对象都是 $\phi 8$ 孔，加工方法也一致，只是相关刀具、参数有所区别，可以采用复制工序的方法来提高效率。在【工序导航器】中先选中工序"D6.8 预钻孔"，单击右键，在弹出的快捷菜单中选择【复制】。再选中"D6.8 预钻孔"单击右键，在弹出的快捷菜单中选择【粘贴】，在【工序导航器】中弹出新工序，如图 7-1-69 所示。最后选择新工序单击右键，在弹出的快捷菜单中选择【重命名】，将工序名改为"D7.8 钻孔"，如图 7-1-70 所示。

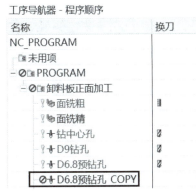

图 7-1-69 复制工序

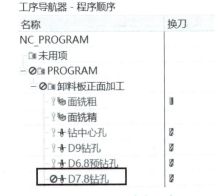

图 7-1-70 重命名工序

（2）更改刀具、参数。在【工序导航器】中双击工序"D7.8 钻孔"，或选中工序单击右键，在弹出的快捷菜单中选择【编辑】，弹出【钻孔】对话框，【几何体】和【指定特征几体】的选择和 D6.8 预钻孔相同，不再设置；单击【钻孔】对话框中【刀具】选项，如图 7-1-71 所示，选择【D7.8 钻头】。在【刀轨设置】选项组中单击按钮，弹出【进给率和速度】对话框，设置【主轴速度】为 "900 r/min"、【进给率】为 "70 mm/min"，单击【确定】按钮返回【钻孔】对话框，其他参数可采用系统默认的设置值。

（3）生成刀具轨迹，进行模拟加工。与 D6.8 预钻孔的步骤相同，在【钻孔】对话框的【操作】选项组中单击【生成】按钮，计算生成钻孔加工刀具轨迹。接着，单击按钮，弹出【刀轨可视化】对话框，选择【3D 动态】选项组，单击按钮，进行模拟加工，观察加工过程是否合理。模拟加工结果如图 7-1-72 所示。

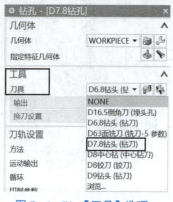

图 7-1-71 【刀具】选项

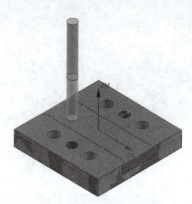

图 7-1-72 模拟加工结果

7. D8 铰孔

（1）程序类型【drill】的调出。NX 12.0 默认环境下没有程序类型【drill】，调出方法：在安装 NX 的位置，如图 7-1-73 所示找到 "NX12\MACH\resource\template_set\cam_general.opt"，再用记事本打开，删除如图 7-1-74 所示 "##${UGII_CAM_TEMPLATE_PART_METRIC_DIR}drill.prt" 前的 2 个#号字符。

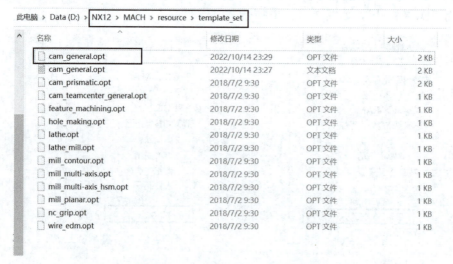

图 7-1-73 调出【drill】涉及文件

图 7-1-74 文件内容更改

（2）铰孔工序基本设置。在工具栏【刀片】组中单击【创建工序】按钮，弹出【创建工序】对话框，如图 7-1-75 所示，【类型】选择【drill】，【工序子类型】选择"⎯⫯⎯（铰孔）"，然后在【位置】文本框中，【程序】选择"卸料板正面加工"，【刀具】选择"D8 铰刀"，【几何体】选择"WORKPIECE"，【方法】选择"MILL_METHOD"，输入工序【名称】为"D8 铰孔"，单击【应用】按钮，弹出如图 7-1-76 所示【镗孔/铰】对话框。

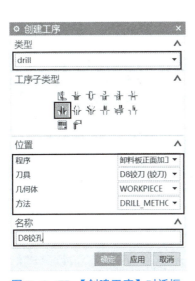

图 7-1-75 【创建工序】对话框

图 7-1-76 【镗孔/铰】对话框

（3）选取几何体。在【镗孔/铰】对话框的【几何体】选项组中，【几何体】选择"WORKPIECE"，单击【指定孔】按钮，弹出【点到点几何体】对话框，如图 7-1-77 所示，单击【选择】，依次选择两个ϕ8孔，如图 7-1-78 所示。单击两次【确定】回到【镗孔/铰】对话框。单击【指定顶面】按钮，弹出【顶面】对话框，如图 7-1-79 所示，在【顶面选项】中选择"面"，单击选中带孔的上表面，单击【确定】按钮回到【镗孔/铰】对话框。接着，单击【指定底面】按钮，弹出【底面曲面】对话框，如图 7-1-80 所示，在【底面选项】中选择"平面"，单击选中底面，【距离】设置为"3"，单击【确定】按钮回到【镗孔/铰】对话框。

图 7-1-77 【点到点几何体】对话框

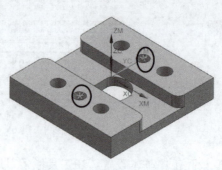

图 7-1-78 两个 ϕ8 孔

图 7-1-79 指定顶面

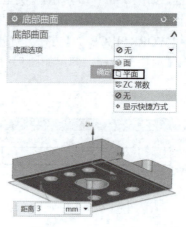

图 7-1-80 指定底面

（4）设置相关切削参数。和钻中心孔的步骤相同，在【镗孔/铰】对话框的【刀轨设置】选项组中单击按钮，如图 7-1-81 所示，弹出【进给率和速度】对话框，如图 7-1-82 所示，设置【主轴速度】和【进给率】，并单击按钮自动计算得到【表面速度】和【每齿进给量】，单击【确定】按钮，返回【镗孔/铰】对话框。

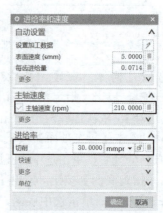

图 7-1-81 【刀轨设置】选项组　　　图 7-1-82 【进给率和速度】对话框

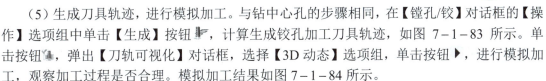

（5）生成刀具轨迹，进行模拟加工。与钻中心孔的步骤相同，在【镗孔/铰】对话框的【操作】选项组中单击【生成】按钮，计算生成铰孔加工刀具轨迹，如图 7-1-83 所示。单击按钮，弹出【刀轨可视化】对话框，选择【3D 动态】选项组，单击按钮 ，进行模拟加工，观察加工过程是否合理。模拟加工结果如图 7-1-84 所示。

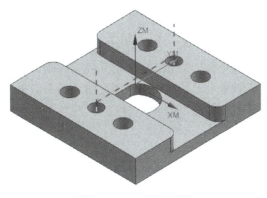

图 7-1-83　刀具轨迹

图 7-1-84　模拟加工结果

任务总结

至此，卸料板孔加工过程已经完成。本任务利用 UG CAM 模块完成整个零件的编程及模拟仿真。不仅降低了程序的出错率，也提高了产品的精度，保证了加工效率。

任务 2　卸料板平面铣削

任务目标

（1）掌握 NX 平面铣削的相关工艺和命令。
（2）能在平面铣设置中合理选择几何体。
（3）能对比工序的可视化刀轨。
（4）初步学会 NX 自动编程的后处理。

任务分析

本项目的对象是真实的模具零件——卸料板。在任务 2 中将完成项目需要的两个槽加工部分。完成本任务需要具备一定的制图知识，要根据零件图中任务 2 所需加工部分的结构特点和加工精度要求，制定合理的加工工艺，学习 UG CAM 中平面铣的主要操作过程，最后利用系统提供的后处理器来处理程序，将刀具路径生成合适的机床 NC 代码。

知识准备

一、刀具侧

刀具侧用于在几何体选择时，刀具位于边界的哪一侧。对于封闭的边界，刀具侧包括内侧和外侧。如果刀具切削几何体外侧，刀具侧为外部；如果刀具切削几何体内侧，刀具侧为内部。对于敞开边界，沿着加工方向看，刀具侧是用刀具在边界线的左边还是右边来指定，刀具在边界线的左边为左，刀具在边界线的右边为右。

二、切削方式

切削方式是指刀具相对于工件的运动形式，决定了刀具轨迹的分布形式和走刀方式，针对不同工件加工几何型面的特点，UG CAM 提供了总共 8 种类型的切削方式，如图 7-2-1 所示，【单向】【往复】【轮廓】易于理解，不再赘述，我们主要介绍常用的"跟随部件"切削和"跟随周边"两种切削方式。

"跟随部件"：跟随部件主要用于仿形被加工零件一切指定概括的刀轨，既仿形切削区的外周壁面也仿形切削区中的岛屿，这些刀轨形状是经过偏置切削区的外概括和岛屿概括获得的，如图 7-2-2 所示。

"跟随周边"：跟随周边主要用于创立沿着概括顺序的、同心的刀轨，它是经过对外围概括的偏置得到的，一切的轨迹在加工区域中都以关闭形式呈现，如图 7-2-3 所示，与跟随部件有明显的区别。

优缺点：跟随部件内外边界都是部件，按照内外边界做等距偏置，交叉处进行修剪。步进的行进方向为朝向部件，即朝向内外边界行进。下刀点总是位于离内外边界最远的位置，所以是非常安全的。跟随部件虽然安全可靠，但路径显得较为零乱；跟随周边较为整齐，并且可以控制步进方向（向内、向外），跟随周边有【壁清理】选项，应用中是必须勾选的，否则会有安全隐患。

用途：跟随周边一般是用在比较规则的地方；跟随部件一般是用在凹凸不整的地方。跟随部件适合凸形零件加工，抬刀会比较多；跟随周边适合凹形零件加工，刀路比较规整，空刀会比较多。

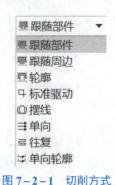

图 7-2-1 切削方式   图 7-2-2 跟随部件

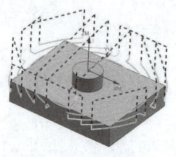

图 7-2-3 跟随周边

三、切削层

切削层即切削深度，是由岛屿顶面、底面、平面或输入的值来确定的，用来确定多深度切削操作中每个切削层的深度值。在平面铣中只有当刀轴垂直于底面或工件边界平行于工件平面时，切削深度输入值才有效，否则只能在底平面上创建加工刀轨。如图 7-2-4 所示，UG CAM 提供以下 5 种类型的切削层设置，其中【用户定义】由于设置比较全面，所以运用较多，如图 7-2-5 所示。

图 7-2-4　5 种类型的切削层设置

图 7-2-5　【用户定义】设置

四、确定加工余量及公差

一般加工主要分为粗加工、半精加工和精加工 3 个阶段，不同阶段其余量及加工公差的设置都是不同的。在【工序导航器】中单击鼠标右键，如图 7-2-6 所示，在弹出的快捷菜单中选择【加工方法视图】，设置粗加工、半精加工和精加工的【余量】及【公差】。在【工序导航器】中双击粗加工公差图标，弹出【铣削粗加工】对话框，然后输入【部件余量】【内公差】【外公差】的值。同种方法设置半精加工和精加工的【余量】及【公差】，如图 7-2-7、图 7-2-8 所示。

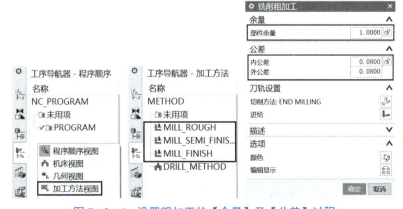

图 7-2-6　设置粗加工的【余量】及【公差】过程

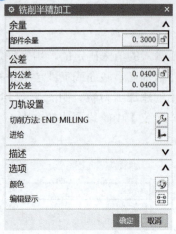

图 7-2-7　设置半精加工的【余量】及【公差】　　图 7-2-8　设置精加工的【余量】及【公差】

任务实施

在任务 1 中，卸料板零件加工已完成上表面 6 个孔的创建。本任务的要求是要完成两个槽的加工和最终的仿真以及后处理。

视频 22　卸料板平面铣削

Step1　制定任务 2 的工序。

1. 分析零件图

（1）零件结构：本任务包括两个槽。

（2）零件精度：本任务中两个槽的部分尺寸有上下偏差，精度要求较高，并且槽侧面有明确的粗糙度要求。

2. 确定装夹方式

采用常规通用夹具中的平口钳装夹完成，注意装夹不能影响槽的加工。

3. 工艺路线的拟定

（1）选择加工方法。

本任务槽（80 mm×23 mm×8 mm）采用平面铣粗、底面精加工和侧面精加工，含 $R12$ 底槽采用平面铣粗、精加工方式。

（2）选择加工刀具：两把 D10 mm 立铣刀。

（3）安排加工顺序：先粗后精，先底后侧。

4. 工序安排

制定卸料板任务 2 加工工序卡，如表 7-2-1 所示。

表 7-2-1　卸料板任务 2 加工工序卡

工序	主要内容	刀具	切削用量		
			主轴转速/ （r·min⁻¹）	进给率/ （mm·min⁻¹）	切削深度/ mm
1	粗加工大槽	D10 立铣刀	S3000	F900	7.8

续表

工序	主要内容	刀具	切削用量		
			主轴转速/ (r·min⁻¹)	进给率/ (mm·min⁻¹)	切削深度/ mm
2	粗加工小槽	D10 立铣刀	S3000	F900	6
3	精加工大槽底面	D10 立铣刀	S4000	F800	0.2
4	精加工大槽侧面	D10 立铣刀	S4000	F800	—
5	精加工小槽	D10 立铣刀	S4000	F800	—

Step2　创建刀具。

在【工序导航器】中单击鼠标右键，在弹出的快捷菜单中选择【机床视图】，在工具栏【刀片组】里单击【创建刀具】按钮，弹出【创建刀具】对话框，如图7-2-9所示，【类型】选择"mill_planar"，【刀具子类型】选择"（铣刀）"，在【名称】文本框中输入"D10立铣刀粗加工"。接着单击【应用】按钮，弹出【铣刀-5参数】对话框，如图7-2-10所示。在【尺寸】文本框中输入刀具【直径】为"10"，根据自动换刀需求在【编号】的【刀具号】【补偿寄存器】和【刀具补偿寄存器】文本框中均输入"8"，其他参数也可根据实际需要设定。最后单击【确定】按钮，返回【创建刀具】对话框，完成了创建直径为10 mm的立铣刀。相同方法继续创建直径10 mm的立铣刀用于精加工，名称为"D10立铣刀精加工"，刀具【直径】为"10"，【刀具号】【补偿寄存器】和【刀具补偿寄存器】均为"9"。

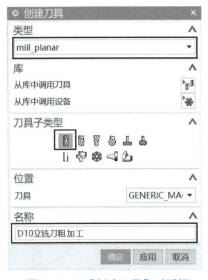

图7-2-9　【创建刀具】对话框

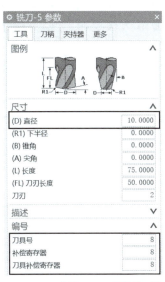

图7-2-10　【铣刀-5参数】对话框

Step3　确定加工余量及公差

在【工序导航器】中单击鼠标右键，如图7-2-11、图7-2-12所示，在弹出的快捷菜单中选择【加工方法视图】，设置粗加工和精加工的余量及公差。

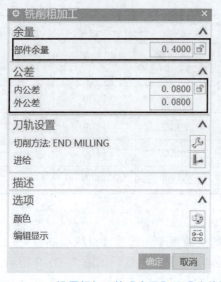

图 7-2-11　设置粗加工的【余量】及【公差】　　图 7-2-12　设置精加工的【余量】及【公差】

Step4　创建工序。

1. 大槽粗加工

（1）大槽粗加工工序基本设置。在工具栏【刀片组】里单击【创建工序】按钮，弹出【创建工序】对话框，如图 7-2-13 所示，【类型】选择【mill_planar】，【工序子类型】选择（平面铣），在【位置】文本框中，【程序】选择"卸料板正面加工"，【刀具】选择"D10 立铣刀粗"，【几何体】选择"WORKPIECE"，【方法】选择"MILL_ROUGH"，输入工序【名称】为"D10 大槽粗加工"，单击【应用】按钮，弹出如图 7-2-14 所示的【平面铣】对话框。

图 7-2-13　【创建工序】对话框

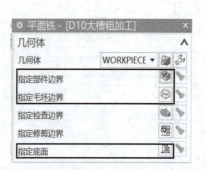

图 7-2-14　【平面铣】对话框

（2）选取几何体。在【平面铣】对话框的【几何体】选项组中，【几何体】选择
"WORKPIECE"，单击【指定部件边界】按钮 🗇，弹出【部件边界】对话框，如图 7 – 2 – 15
所示。【选择方法】为"面"，【刀具侧】为"外侧"，【平面】为"自动"，然后选中如
图 7 – 2 – 16 所示两个上表面，每选一个平面按一次鼠标中键，单击【确定】按钮返回【平
面铣】对话框。接着单击【指定毛坯边界】按钮 🗇，弹出【毛坯边界】对话框，如图 7 – 2 – 17
所示，【选择方法】选择为"面"，【刀具侧】选择为【Inside】"内侧"，【平面】选择为"指
定"，然后如图 7 – 2 – 18 所示，单击下表面后自动投影到了上表面边界，接着单击【确定】
按钮回到【平面铣】对话框。最后，单击【指定底面】按钮 🖳，弹出【平面】对话框，
如图 7 – 2 – 19 所示。设置加工底面，如图 7 – 2 – 20 所示选择中间平面，【距离】为"0"。

图 7 – 2 – 15　【部件边界】对话框

图 7 – 2 – 16　两个上表面

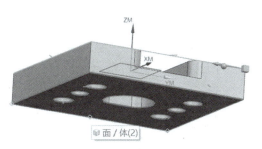

图 7 – 2 – 17　【毛坯边界】对话框

图 7 – 2 – 18　下表面

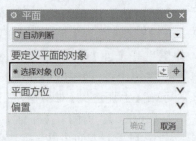

图 7-2-19 【平面】对话框

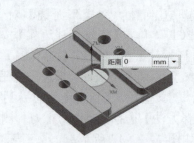

图 7-2-20 中间平面

（3）设置切削模式、切削层和切削参数。在【平面铣】对话框的【刀轨设置】选项组中，如图 7-2-21 所示设置【方法】【切削模式】【步距】以及【平面直径百分比】。接着，单击【刀轨设置】选项组中按钮，弹出【切削层】对话框，如图 7-2-22 所示，【类型】选择"用户定义"，【每刀切削深度】中【公共】设为"3"。接着，单击按钮，弹出【切削参数】对话框，如图 7-2-23 所示，在【策略】选项组中【切削顺序】选择"深度优先"，【壁清理】选择"自动"。如图 7-2-24 所示，在【余量】选项组中【部件余量】设为"0.4"，【最终底部面余量】设为"0.2"，单击【确定】按钮，返回【平面铣】对话框。

图 7-2-21 【刀轨设置】选项组

图 7-2-22 【切削层】对话框

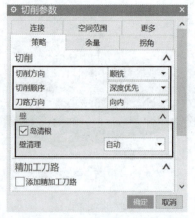

图 7-2-23 【策略】选项组

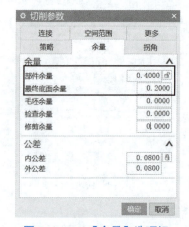

图 7-2-24 【余量】选项组

（4）设置非切削、进给率和转速。在【平面铣】对话框的【刀轨设置】选项组中单击按钮，弹出【非切削移动】对话框，如图 7-2-25 所示，进行参数设置。然后，单击按钮，弹出【进给率和速度】对话框，如图 7-2-26 所示，设置【主轴速度】和【进给率】，并单击按钮自动计算得到表面速度和每齿进给量。最后，单击【确定】按钮，返回【平面铣】对话框。

图 7-2-25 【非切削移动】对话框

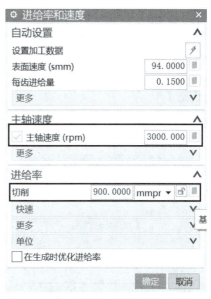

图 7-2-26 【进给率和速度】对话框

（5）生成刀具轨迹，进行模拟加工。在【平面铣】对话框的【操作】选项组中单击【生成】按钮，计算生成平面铣粗加工刀具轨迹，如图 7-2-27 所示。单击按钮，弹出【刀轨可视化】对话框，选择【3D 动态】选项组，单击按钮，进行模拟加工，观察加工过程是否合理。模拟加工结果如图 7-2-28 所示。如果存在问题，可进一步双击【工序导航器】中的工序【D10 大槽粗加工】，弹出【平面铣】对话框后修改参数。

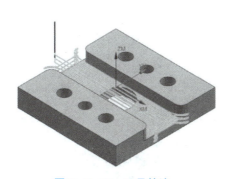

图 7-2-27　刀具轨迹

图 7-2-28　模拟加工结果

2. 小槽粗加工

（1）小槽粗加工工序基本设置。如图 7-2-29 所示设置【创建工序】对话框，输入工序名称"D10 小槽粗加工"。单击【确定】按钮，弹出【平面铣】对话框。

（2）选取几何体。在【平面铣】对话框【几何体】选项组中，【几何体】选择【WORKPIECE】，单击【指定部件边界】按钮，进入【部件边界】对话框，如图7-2-30所示，【选择方法】选择为"曲线"，【刀具侧】选择为"内侧"，【平面】选择为【自动】。如图7-2-31所示，选择【曲线规则】为"相切曲线"，再选择如图7-2-32所示的R12圆弧，单击【确定】按钮完成设置。单击【指定底面】按钮，如图7-2-33所示进入【平面】对话框，设置加工底面，如图7-2-34所示选择下表面，【距离】为"2"，单击【确定】按钮，返回【平面铣】对话框。

【小提醒】
封闭槽加工可不设置"指定毛坯边界"。

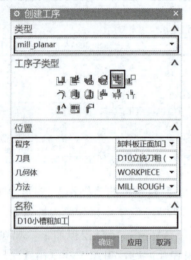

图7-2-29 【创建工序】对话框

图7-2-30 【部件边界】对话框

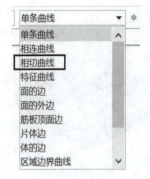

图7-2-31 【创建工序】对话框

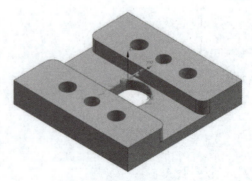

图7-2-32 部件边界

图 7-2-33 【平面】对话框

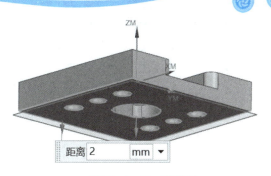

图 7-2-34 下表面

（3）设置切削模式、切削层和切削参数。在【平面铣】对话框的【刀轨设置】选项组中，如图 7-2-35 所示设置【方法】【切削模式】【步距】以及【平面直径百分比】。接着，单击【刀轨设置】选项组中按钮▤，弹出【切削层】对话框，如图 7-2-36 所示。【类型】选择"用户定义"，【每刀切削深度】中【公共】设为"2"。然后，单击按钮▨，弹出【切削参数】对话框，如图 7-2-37 所示。在【策略】选项组中【切削顺序】选择【深度优先】，如图 7-2-38 所示。在【余量】选项组中将【部件余量】设为"0.4"，单击【确定】按钮，返回【平面铣】对话框。

图 7-2-35 【刀轨设置】选项组

图 7-2-36 【切削层】对话框

图 7-2-37 【策略】选项组

图 7-2-38 【余量】选项组

（4）设置非切削、进给率和转速。单击按钮 ⬚，弹出【非切削移动】对话框，如图7-2-39所示，进行参数设置。然后，单击按钮 🠋，弹出【进给率和速度】对话框，如图7-2-40所示，设置【进给率】和【主轴速度】，并单击按钮 🔲 自动计算得到【表面速度】和【每齿进给量】。单击【确定】按钮，返回【平面铣】对话框。

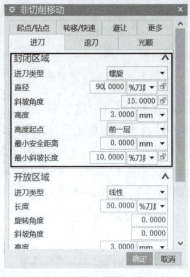

图7-2-39 【非切削移动】对话框

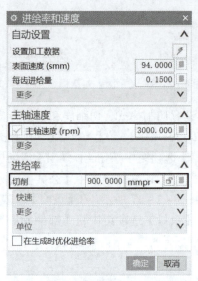

图7-2-40 【进给率和速度】对话框

【小提醒】
用同一把刀对两个槽进行粗加工，建议转速和进给量保持一致。

（5）生成刀具轨迹，进行模拟加工。在【平面铣】对话框的【操作】选项组中单击【生成】按钮 🠋，计算生成面铣粗加工刀具轨迹，如图7-2-41所示。单击按钮 📊，弹出【刀轨可视化】对话框，选择【3D 动态】选项组，单击按钮 ▶，进行模拟加工，观察加工过程是否合理，模拟加工结果如图7-2-42所示。如果存在问题，可进一步双击导航栏中的工序【D10小槽粗加工】，弹出【平面铣】对话框后修改参数。

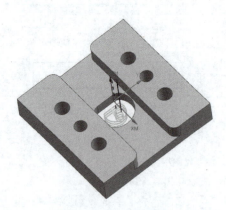

图7-2-41 刀具轨迹

图7-2-42 模拟加工结果

3. 80 mm×25 mm 槽底面精加工

（1）复制工序。如图7-2-43所示，在【工序导航器】中先选中工序【D10 大槽粗加工】单击右键，在弹出的快捷菜单中选择【复制】，再选中工序【D10 小槽粗加工】，单击右键，在弹出的快捷菜单中选择【粘贴】，在【工序导航器】中弹出新工序。最后选择新工序，单击右键，在弹出的快捷菜单中选择【重命名】，把工序名改为"D10 大槽精加工"，如图7-2-44所示。

图7-2-43　复制工序

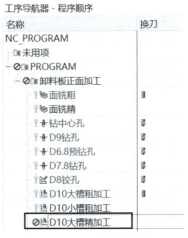

图7-2-44　重命名工序

（2）更改刀具和参数。在【工序导航器】中双击工序【D10 大槽精加工】，或选中工序单击右键，在弹出的快捷菜单中选择【编辑】命令，弹出【平面铣】对话框，【几何体】选项组中各项的选择和【D10 大槽粗加工】相同，不再设置。如图7-2-45所示，在【刀具】选项中选择"D10 立铣刀精加工"，在【刀轨设置】选项组中将【方法】改为"MILL_FINISH"，单击【刀轨设置】选项组中的按钮，弹出【切削层】对话框，如图7-2-46所示。【每刀切削深度】改为"0"；单击按钮，弹出【切削参数】对话框，如图7-2-47所示。更改【最终底面余量】为"0"；单击按钮，弹出【进给率和速度】对话框，如图7-2-48所示。设置【主轴速度】和【进给率】，单击【确定】按钮，返回【平面铣】对话框。

图7-2-45　【刀具】选项

图7-2-46　【切削层】对话框

313

图 7-2-47 【余量】选项组

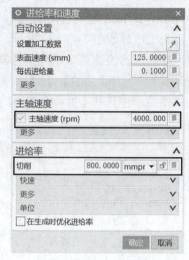

图 7-2-48 【进给率和速度】对话框

（3）生成刀具轨迹，进行模拟加工。与【D10 大槽粗加工】步骤相同，在【平面铣】对话框的【操作】选项组中单击【生成】按钮，计算生成面铣刀具轨迹，如图 7-2-49 所示。接着，单击按钮，弹出【刀轨可视化】对话框，选择【3D 动态】选项组，单击按钮，进行模拟加工，观察加工过程是否合理，模拟加工结果如图 7-2-50 所示。

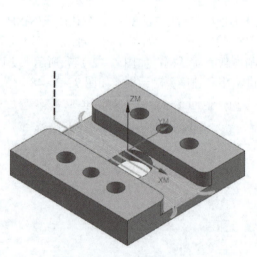

图 7-2-49 刀具轨迹

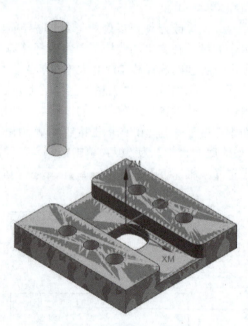

图 7-2-50 模拟加工结果

4. 80 mm×25 mm 槽侧面精加工

（1）80 mm×25 mm 槽侧面精加工基本设置。在工具栏【刀片】组里单击【创建工序】按钮，弹出【创建工序】对话框，如图 7-2-51 所示进行设置，单击【应用】按钮即可弹出【平面铣】对话框，如图 7-2-52 所示。

图 7-2-51 【创建工序】对话框

图 7-2-52 【平面铣】对话框

（2）选取几何体。在【平面铣】对话框【几何体】选项组中，【几何体】选择"WORKPIECE"，单击【指定部件边界】按钮，进入【部件边界】对话框，如图 7-2-53 所示。【选择方法】设为"曲线"，【边界类型】设为"开放"，【刀具侧】设为【左】，【平面】设为【指定】，选择【曲线规则】为【相切曲线】，再选择如图 7-2-54 所示两条曲线，单击【确定】按钮完成设置。单击【指定底面】按钮，如图 7-2-55 所示，进入【平面】对话框，设置加工底面，选择中间表面，【距离】为"0"，如图 7-2-56 所示。单击【确定】按钮，返回【平面铣】对话框。

图 7-2-53 【部件边界】对话框

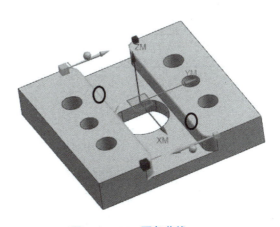

图 7-2-54 两条曲线

315

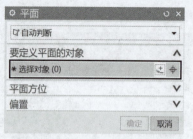

图7-2-55 【平面】对话框

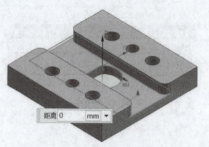

图7-2-56 中间表面

（3）设置切削模式、切削层和切削参数。在【平面铣】对话框的【刀轨设置】选项组中，如图7-2-57所示设置【方法】【切削模式】【步距】以及【平面直径百分比】。单击【刀轨设置】选项组中按钮，弹出【切削层】对话框，如图7-2-58所示，【类型】选择"仅底面"；单击按钮，弹出【切削参数】对话框，如图7-2-59所示，设置【策略】选项组参数，如图7-2-60所示，【余量】选项组中【部件余量】和【最终底面余量】均设为"0"。单击【确定】按钮，返回【平面铣】对话框。

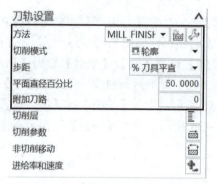

图7-2-57 "刀轨设置"选项组

图7-2-58 【切削层】对话框

图7-2-59 【策略】选项组

图7-2-60 【余量】选项组

（4）设置非切削、进给率和转速。单击按钮▨，弹出【非切削移动】对话框，如图7-2-61所示，进行参数设置。单击按钮🐾，弹出【进给率和速度】对话框，如图7-2-62所示，设置【主轴速度】和【进给率】，并单击按钮▤自动计算得到【表面速度】和【每齿进给量】，单击【确定】按钮，完成设置。

（5）生成刀具轨迹，进行模拟加工。在【平面铣】对话框的【操作】选项组中单击【生成】按钮🖢，计算生成面铣刀刀具轨迹，如图7-2-63所示。接着，单击按钮🖢，弹出【刀轨可视化】对话框，选择【3D 动态】选项组，单击按钮▶，进行模拟加工，观察加工过程是否合理。模拟加工结果如图7-2-64所示。

图 7-2-61　【非切削移动】对话框

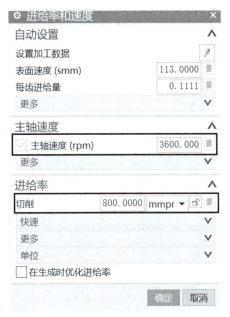

图 7-2-62　【进给率和速度】对话框

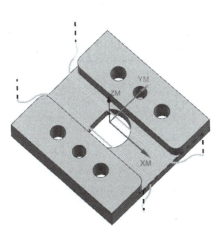

图 7-2-63　刀具轨迹

图 7-2-64　模拟加工结果

5. 小槽精加工

（1）复制工序。和前面工序复制步骤相同，如图 7-2-65 所示选中工序【D10 小槽粗加工】进行复制，把新工序名改为"D10 小槽精加工"。

（2）更改刀具和参数。在【工序导航器】中双击工序【D10 小槽精加工】，弹出【平面铣】对话框，【几何体】选项组中各项的选择和"D10 小槽粗加工"相同，不再设置。如图 7-2-66 所示，在【刀具】选项中选择【D10 立铣刀精】，在【刀轨设置】选项组中更改【方法】为【MILL_FINISH】，单击【刀轨设置】选项组中按钮，弹出【切削层】对话框，如图 7-2-67 所示，【类型】改为【仅底面】。单击按钮，弹出【切削参数】对话框，如图 7-2-68 所示，【部件余量】和【最终底面余量】均改为"0"；单击按钮，弹出【非切削移动】对话框，如图 7-2-69 所示，【开放区域】的【进刀类型】改为【圆弧】；单击按钮，弹出【进给率和速度】对话框，如图 7-2-70 所示，设置【主轴速度】和【进给率】。单击【确定】按钮回到【平面铣】对话框，其他参数可采用系统默认的设置值。

图 7-2-65 复制工序

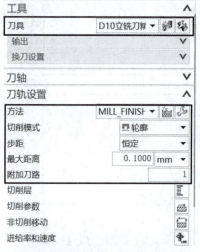

图 7-2-66 【刀具】和【刀轨设置】

图 7-2-67 【切削层】对话框

图 7-2-68 【余量】选项组

图 7-2-69 【非切削移动】对话框　　图 7-2-70 【进给率和速度】对话

（3）生成刀具轨迹，进行模拟加工。与 D10 大槽粗加工步骤相同，在【平面铣】对话框的【操作】选项组中单击【生成】按钮，计算生成面铣刀具轨迹，如图 7-2-71 所示。接着，单击按钮，弹出【刀轨可视化】对话框，选择【3D 动态】选项组，单击按钮 ▶，进行模拟加工，观察加工过程是否合理。模拟加工结果如图 7-2-72 所示。

图 7-2-71　刀具轨迹　　　　　　图 7-2-72　模拟加工结果

Step5 后处理。

在【工序导航器】中选择需进行【后处理】的工序，如图 7-2-73 所示。单击【后处理】按钮，或单击右键，在快捷菜单中单击【后处理】选项，弹出【后处理】对话框，如图 7-2-74 所示，对所用机床、文件存储位置、单位等内容等进行设置。单击【确定】按钮，生成数控加工程序，如图 7-2-75 所示。

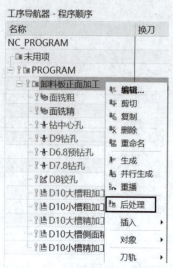

图 7-2-73 【后处理】选项

图 7-2-74 后处理设置

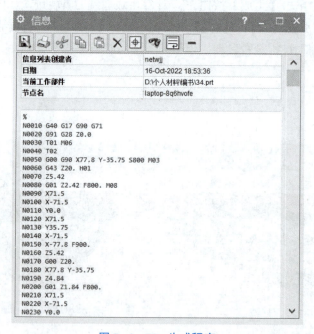

图 7-2-75 生成程序

任务总结

至此，卸料板零件的加工任务已全部完成。在后续的拓展练习或实例操作时，需要注意以下几点。

（1）创建铣削工件几何体的目的，是用于仿真确定，如果没有工件几何体，平面铣工序将无法进行 2D 或者 3D 的可视化确认。

（2）对于加工底部不一致的凹槽边界，可以指定凹槽底部边界为部件边界，并指其材料侧为内部，避免刀具继续往下，并且在该边界平面将生成一个加工层。

（3）平面铣工序的加工对象为平面内的曲线，其计算速度非常快，因而可以设置较小的公差值。

任务拓展

请继续以卸料板为例，运用 NX 型腔铣进行粗加工，如图 7-2-76、图 7-2-77 所示。

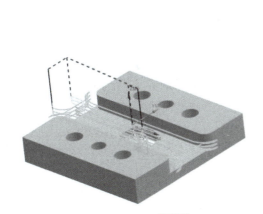

图 7-2-76　刀具轨迹

图 7-2-77　模拟加工结果

项目评价

评价内容					学生姓名				评价日期			
评价项目	学生自评				生生互评				教师评价			
	优	良	中	差	优	良	中	差	优	良	中	差
课堂表现												
回答问题												
作业态度												
知识掌握												
综合评价			寄语									

参考文献

［1］朱新民，单艳芬. CADCAM 软件应用技术［M］. 北京：北京理工大学出版社，2019.

［2］胡新华，郭利. 机械 CADCAM 软件应用项目教程［M］. 北京：科学教育出版社，2019.

［3］蒋修定，蔡舒旻，蒋东敏，丁翚. CADCAM 软件应用技术——UG［M］. 西安：西安电子科技大学出版社，2018.

［4］薛智勇. CADCAM 软件应用技术——UG［M］. 2 版. 北京：北京理工大学出版社，2017.

［5］于奇慧. UG NX12.0 全实例教程［M］. 北京：机械工业出版社，2020.

［6］CAD/CAM/CAE 技术联盟. UG NX 12.0 中文版机械设计从入门到精通［M］. 北京：清华大学出版社，2020.